DESIGN

MARKETING

设计"一本通"丛书

设计营销

陈根 编著

电子工业出版社·
Publishing House of Electronics Industry
北京·BEIJING

内 容 简 介

本书紧扣当今设计营销专业的热点、难点与重点，介绍了设计营销概述、用户价值的实现是设计营销的核心、产品设计价值的实现是设计营销的根基、实现品牌价值是设计营销的终极追求、设计营销的三大载体、全渠道数字化营销六大方面的内容，讲解了设计营销的多个重要环节。本书可以帮助从业人员更深刻地了解设计营销的内容，还可以作为高校设计管理、设计营销与策划等专业的教材和参考书。

图书在版编目（CIP）数据

设计营销 / 陈根编著 . —北京：电子工业出版社，2024.6
 （设计"一本通"丛书）
ISBN 978-7-121-47472-9

Ⅰ.①设… Ⅱ.①陈… Ⅲ.①产品设计－市场营销 Ⅳ.① TB472 ② F713.3

中国国家版本馆 CIP 数据核字（2024）第 052785 号

责任编辑：秦 聪   特约编辑：田学清
印 刷：天津善印科技有限公司
装 订：天津善印科技有限公司
出版发行：电子工业出版社
     北京市海淀区万寿路 173 信箱   邮编：100036
开 本：720×1000 1/16 印张：15 字数：240 千字
版 次：2024 年 6 月第 1 版
印 次：2024 年 6 月第 1 次印刷
定 价：88.00 元

设计是什么呢？人们常常把"设计"一词挂在嘴边，如那套房子设计得不错、这个网站的设计很有趣、那把椅子的设计真好……即使不是专业的设计人员，人们也喜欢说这个词。2017 年，世界设计组织（World Design Organization，WDO）为"设计"赋予了新的定义：设计是驱动创新、成就商业成功的战略性解决问题的过程，通过创新性的产品、系统、服务和体验创造更美好的生活品质。

设计是一个跨学科的专业，它将创新、技术、商业、研究及消费者紧密地联系在一起，共同进行创造性的活动，将需要解决的问题及提出的解决方案进行可视化，重新解构问题，研发更好的产品，建立更好的系统，提供更好的服务和用户体验，为产品提供新的价值和竞争优势。设计通过其输出物对社会、经济、环境及伦理问题的回应，帮助人类创造一个更好的世界。

由此可以理解，设计体现了人与物的关系。设计是人类本能的体现，是人类审美意识的驱动，是人类进步与科技发展的产物，是人类生活质量的保证，是人类文明进步的标志。

设计的本质在于创新，创新则不可缺少"工匠精神"。本丛书得"供给侧结构性改革"与"工匠精神"这一对时代"热搜词"的启发，洞悉该背景下诸多设计领域新的价值主张，立足创新思维；紧扣当今各设计学科的热点、难点和重点，构思缜密、完整，精选了很多与设计理论紧密相关的案例，可读性强，具有较强的指导作用和参考价值。

随着生产力的发展，人类的生活形态不断演进，我们迎来了体验经济时代。设计领域的体验渐趋多元化，然而其最终的目标是相同的，就是为人类提供有质量的生活。

设计营销是指设计主体为了达到一定的设计目标，实现共同价值，依据专门的营销理论、方法和技术，对艺术设计对象实施市场分析、目标市场选择、营销战略及策略制定、营销成效控制的全部过程。也可以这样理解，设计营销是指发展市场的需求，抓住市场需求的欲望，以有效的方案进行推广，营造需求氛围并进行目标销售，提高曝光率，达到广告效应、品牌效应，以树立品牌性、巩固设计者及其设计产品的生存和发展。

本书紧扣当今设计营销专业的热点、难点与重点，介绍了设计营销概述、用户价值的实现是设计营销的核心、产品设计价值的实现是设计营销的根基、实现品牌价值是设计营销的终极追求、设计营销的三大载体、全渠道数字化营销六大方面的内容。本书全面介绍了设计营销的相关知识和所需掌握的专业技能，知识体系缜密完整，同时本书的很多章节精选了与理论紧密相关的案例，增加了内容的生动性、可读性和趣味性，方便读者轻松地理解和接受。

本书的内容涵盖了设计营销的多个重要环节，在许多方面提出了创新性的观点。另外，本书从实际出发，列举了众多案例，对理论进行了通俗、形象的解析，因此它还可以作为高校设计管理、设计营销与策划等专业的教材和参考书。

由于编著者的水平及时间所限，书中难免有不足之处，敬请广大读者及专家批评、指正。

编著者

CONTENTS **目录**

第3章　产品设计价值的实现是设计营销的根基　56

第 1 章

设计营销概述

1.1 设计营销的基本内容

1.1.1 营销的概念

营销是指在以用户需求为中心的思想指导下，企业所进行的有关产品生产、流通和售后服务等与市场有关的一系列经营活动。市场营销作为一种计划及执行活动，包括对一个产品、一项服务或一种思想的开发制作、定价、促销和流通等活动，其目的是经过交易的过程达到满足组织或个人需求的目标。

什么是营销？就字面上来说，营销的英文是 Marketing，若把 Marketing 这个词拆成 Market（市场）与 ing（英文现在进行时的

营销：在以用户需求为中心的思想指导下，企业所进行的有关产品生产、流通和售后服务等与市场有关的一系列经营活动。

市场营销是计划和执行关于商品、服务和创意的观念、定价、促销和分销，以创造符合个人和组织目标交换的一种过程。

表示方法）两部分，那营销可以用"市场的现在进行时"来表达产品、价格、促销、通路的变动性使供需双方产生了微妙的关系。

1.1.2　市场营销的概念及过程

关于市场营销普遍的官方定义为：市场营销是计划和执行关于商品、服务和创意的观念、定价、促销和分销，以创造符合个人和组织目标交换的一种过程。

如图 1-1 所示为市场营销过程的简要模型。通过四个步骤，企业致力于了解用户需求，创造用户价值，建立稳固的用户关系。最终，企业收获了创造卓越用户的价值回报，即通过为用户创造价值，企业相应地以销售额、利润和长期用户资产等形式从用户处获得价值回报。

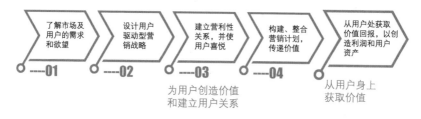

◎ 图 1-1　市场营销过程的简要模型

如图 1-2 所示为将所有概念综合起来的市场营销过程的扩展模型。通过对市场营销过程的简要模型和扩展模型的了解，我们可以说，市场营销就是一个通过为用户创造价值而建立营利性用户关系，并获得价值回报的过程。

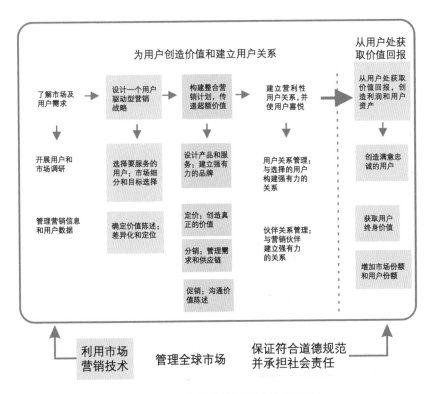

◎ 图1-2 市场营销过程的扩展模型

市场营销过程的四个步骤注重为用户创造价值。企业首先通过研究用户需求和管理营销信息获得对市场的全面了解，然后根据两个简单的问题来设计用户驱动型营销策略。第一个问题是：我们为哪些用户服务？优秀的市场营销企业知道，它们不能在所有的方面为消费者提供服务。企业需要将资源集中于它们有能力服务并能获得较高利润的用户。第二个问题是：如何更好地为目标用户服务？市场营销人员需要提出一个价值陈述，来说明企业为赢得目标用户应该传递怎样的价值。

了解了市场营销的概念，接下来，我们来看看设计的概念。设计是为构建有意义的秩序而付出的有意识的直觉上的努力。这个概念的内容可以分两步理解。

第一步，理解消费者的期望、需要、动机，并理解业务、技术和行业上的需求和限制。

第二步，将这些所知道的东西转化为对产品的规划（或者产品本身），使得产品的形式、内容和行为变得有用、能用、令人向往，并且在经济和技术上可行（这是设计的意义和基本要求所在）。

上述设计的概念适用于设计的所有领域，尽管不同领域的关注点从形式、内容到行为上均有所不同。

1.1.3 设计营销的定义

菲利普·科特勒曾说："技术的变化、未来资本主义商业模式的变化，以及消费者的变化和需求的长期低迷，构成了一个大的环境，企业必须通过改变商业模式创造新的价值而重获增长。在众多被忽视的价值中，'善'的价值，也就是为利益相关者创造'共享价值'，被认为是一个重要的创新路径。"

设计要有营销思维，营销人员同样要有设计审美。在大部分的企业里面，市场和设计是两个部门，市场部门提需求，设计部门满足需求。跨部门沟通很容易因为互相达不到契合点，而产生想法不一致的情况。在一个企业里，设计的使命是创造，营销的作用是流通。二者相辅相成，都是为了影响消费者最终的消费行为。

设计营销是指设计主体为了达到一定的设计目标，实现共同价值，依据专门的营销理论、方法和技术，对艺术设计对象实施市场分

设计营销：设计主体为了达到一定的设计目标，实现共同价值，依据专门的营销理论、方法和技术，对艺术设计对象实施市场分析、目标市场选择、营销战略及策略制定、营销成效控制的全部过程。

析、目标市场选择、营销战略及策略制定、营销成效控制的全部过程。如图 1-3 所示为设计的接触点。

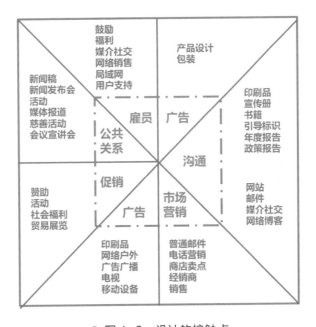

◎ 图 1-3 设计的接触点

设计营销的目的（见图 1-4）是能够让消费者在有限的时间内获悉最有价值的信息，设计师要突出重点，抓住人们的眼球，从而让消费者去点击实现转化。也可以这样理解，设计营销是指发展市场的需求，抓住市场需求的欲望，以有效的方案进行推广，营造需求氛围并进行目标销售，提高曝光率，达到广告效应、品牌效应，以树立品牌性，巩固设计者及其设计产品的生存和发展。

设计营销的意义：有利于更好地满足人类社会的需要，有利于解决设计产品与市场的结合问题，有利于增强设计的市场竞争力，有利于进一步开拓设计的国际市场，通过对设计思维、设计策略、设计产品、设计组织、设计运行的有机营销实现多元化价值。

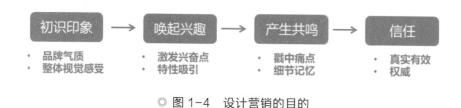

顾客 / 用户

初识印象 →	唤起兴趣 →	产生共鸣 →	信任
· 品牌气质 · 整体视觉感受	· 激发兴奋点 · 特性吸引	· 戳中痛点 · 细节记忆	· 真实有效 · 权威

◎ 图 1-4　设计营销的目的

设计营销的意义表现为有利于更好地满足人类社会的需要，有利于解决设计产品与市场的结合问题，有利于增强设计的市场竞争力，有利于进一步开拓设计的国际市场，通过对设计思维、设计策略、设计产品、设计组织、设计运行的有机营销实现多元化价值。

1.2　制订营销计划

营销计划是什么？为什么说营销计划对企业的成功至关重要？

对大部分企业来说，成功的市场营销都是从一份好的营销计划开始的。大企业的营销计划书往往长达数百页，而小企业的营销计划书也得数十页。请将你的营销计划书放入一个三孔活页夹内，这份计划书至少得以季度划分，如果能按每月划分就更好了。记得在销售及生产的月度报告上贴上标签，这样有助于你追踪执行的计划。

一般来说，计划所覆盖的时间跨度为一年。对于小企业而言，这通常是对营销行为进行思考的最佳方式。在一年的时间里，市场在发展，客户在流动。我们会建议你在计划的某一部分里，对企业的中期未来，也就是企业起步后的 2 ~ 4 年进行规划，但是计划的大部分内容还应该着眼于下一年。

你需要花几个月的时间去制订这份计划，即使计划书只有区区几页，制订这份计划对于营销而言也是重中之重。虽然计划的执行过程会面临挑战，但是决定去做什么和怎么做，才是营销始终所面对的最大困难。绝大多数的营销计划要自企业的创办开始就执行，但是如果有困难的话，就可以从财政年开始。

你做好的营销计划书应该拿给谁看呢？答案是企业中的每一位成员。很多企业通常将其营销计划书视为非常机密的文件，这不外乎以下两种看起来差别很大的原因：一是计划书的内容太过干瘪以至于企业管理层不好意思让它们见光；二是计划书的内容太丰富，涵盖了大量信息……无论是哪种原因，你都应该意识到，企业的营销计划书在市场竞争中具有很大的价值。

你不可能在制订营销计划时不让他人参与。无论企业的规模多大，在制订营销计划的过程中，你都需要从企业的所有部门得到反馈，包括财务、生产、人事、供应等部门，当然，销售人员本身除外。这一点很重要，因为它将带动企业各部门一起执行你的营销计划。对于什么方案是可行的及如何实现目标等问题，企业的关键人物可以为你提供具有现实意义的意见，并且他们还会向你分享对任何潜在的、尚未触及的市场机遇的见解，从而为你的计划提供新视角。如果你的企业采取个人管理模式，那么你必须在同一时间兼顾多个方面，但是至少会议的时间会缩短。

营销计划与商业计划、前景陈述之间的关系是什么呢？商业计划是对企业业务的阐述，也就是做什么、不做什么及你最终的目标是什么。它所涵盖的内容要多于营销，它可以包括企业选址、员工、资金、战略联盟等，它是具有"远见卓识"的，也就是用那些振奋人心的言语阐明企业的远大目标。如果你想要做的事超越了商业计划的范畴，那么你需要做的是，要么改变主意，要么修改计划。企业的商业计划应该为营销计划提供良好的环境，因此两份计划书必须是一致的。

关于营销计划，其充满了意义，会让企业或设计组织、个人从图 1-5 所示的 5 个方面受益。

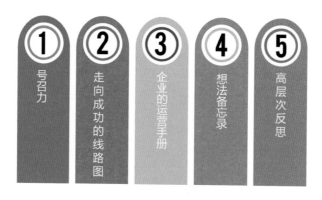

◎ 图 1-5　制订营销计划的意义

1. 号召力

营销计划会让你的团队紧密地团结在一起。对企业而言，身为经营者的你就像一名船长，手握航行图、驾驶经验丰富，并且对目的港口心中有数，你的团队会对你充满信心。企业往往会低估"营销计划"对员工的影响——他们想要成为一个充满热情并为复杂任务共同努力的团队中的一员。如果你希望你的员工对企业尽职尽责，那么与他们分享你对企业未来几年走向的规划很重要。员工并不能搞懂财务预测，但是一份编写良好且经过深思熟虑的营销计划会让他们感到兴奋。你应该考虑向全企业人员公开营销计划，哪怕只是一份缩略版的营销计划。大张旗鼓地去执行你的计划，或许会为企业发展创造吸引力，你的员工会因为能参与其中而感到自豪。

2．走向成功的线路图

我们都知道企业的营销计划并不是十全十美的。你不可能知道 1 年或 5 年后会发生什么。如此说来，制订一份营销计划是不是徒劳无益呢？是不是对本可以花在与客户会面或产品微调会的时间的浪费呢？的确有可能，但这只是从狭义的角度而言。如果你不做营销计划，结果是可见的，并且一份不完善的营销计划也要远远好于没有计划。回到关于船长的比喻，与目标港口有 5 ~ 10 度的偏差要好于脑海中根本就没有目的地。在多数情况下，航海是为了到达某处，如果没有计划，那么你将在大海中漫无目的地漂荡，虽然有时会发现陆地，但是更多的时候都是在漫无边际的大海中挣扎。而且，在没有航行图的情况下，很少有人会记起船长曾发现了什么，除非你沉没海底时。

3．企业的运营手册

营销计划会一步步地将你的企业带向成功，它比企业的前景陈述更重要。为了制订一份真正的营销计划，你需要从上到下全面地了解你的企业，确保各个环节都是以最好的方式结合在一起的。想在未来把你的企业发展壮大，你能做的事是什么呢？你需要列出一份内容翔实的待办事项清单，并在上面标注出今年的具体任务。

4．想法备忘录

无须让你的财务人员将各种财务数据熟记于心。财务报告对于任何企业而言都是数字方面的"命脉"，无论这家企业是何种规模的。市场营销也是如此，用书面文件勾画出你的营销计划。也许会有人离开，也许会有新人加入，也许你的记忆会衰退，也许有事情使改变充满压力，这份书面营销计划中的信息会一直提醒你，那些你曾经认同的事情。

> 设计营销的 7 个基础载体：造型设计营销、色彩设计营销、风格设计营销、款式设计营销、功能设计营销、材料设计营销、设计师设计营销。

5. 高层次反思

在喧闹的企业竞争中，你很难将注意力转向大局，特别是转向那些与日常运行并无直接关联的环节。你需要时不时地花一些时间对你的企业进行深入思考，例如，企业是否满足了你和员工的期望，是否还可以进行创新，你是否从企业的产品、销售人员和市场方面得到了可以得到的一切等。制订营销计划的过程就是做高层次反思的最佳时机。因而，一些企业会趁此时机给业绩较好的销售人员放假，其他人也各自回到家中。而有一些人聚在当地的小旅馆中制订营销计划，远离电话和网络的他们可以全身心地进行深入思考，为企业发展绘制出精确的蓝图。

在理想的情况下，在为企业近几年的发展制订好营销计划后，你可以坐下来按照年份顺序重读你的计划，并与企业的发展情况进行对照。诚然，有时很难为此腾出时间，但是这个过程可以帮你无比客观地了解这些年你究竟为企业做了些什么。

1.3　设计营销的基础载体

设计营销的基础载体有造型设计营销、色彩设计营销、风格设计营销、款式设计营销、功能设计营销、材料设计营销、设计师设计营销。

1.3.1　造型设计营销

现代产品一般会给人们传递两种信息：一种是知识即理性信息，如通常提到的产品的功能、材料、工艺等，它们是产品存在的基础；

另一种是感性信息，如产品的造型、色彩、使用方式等，其在很大程度上与产品的形态生成有关。

产品形态作为传递产品信息的第一要素，它能使产品内在的品质、组织、结构、内涵等本质因素上升为外在的表象因素，并通过视觉使人产生一种生理和心理过程。与感觉、构成、结构、材质、色彩、空间、功能等密切相联系的形是产品的物质形体，产品造型是指产品的外形；态是指产品可使人感觉的外观情状和神态，也可以理解为产品外观的表情因素。

形的建构是美的建构，而产品形态设计又受到工程结构、材料、生产条件等多方面的限制，当代工业设计师只有在更高层次上对科学技术和艺术进行整合，才能创造出多样化的产品或提供令人称赞的创意。工业设计师通常利用特有的造型语言进行产品形态设计，并借助产品的特定形态向外界传达自己的思想与理念。设计师只有准确地把握形和态的关系，才能求得情感上的广泛认同。

产品形象的形成需要一个较长期的过程，在整个过程中，一方面必然要随着外部环境的变化而变化，另一方面，这种变化（或称为创新）又必须具有一定的延续性。只有创新才能跟上时代，以满足人们日益变化的需求，也只有延续性才能在市场中形成稳定的概念，树立一定的形象。因此，企业要建立一个良好的品牌形象，主要依赖于对其产品进行既有创新又有延续性的形象设计。总体来讲，产品形象是一个相对稳定的概念。我们可将产品形象设计理解为，企业将推向市场的各种产品在创新的基础上保持其系统的延续性，从而在市场与消费者心目中建立起特色鲜明、风格统一的形象。

以 MINI Cooper 为例，其凭借独特的外观、灵巧的操控性能和出色的安全性能赢得了众多年轻人的青睐。多年来，无论内外装饰、色彩和功能、操作界面如何改变，代表 MINI Cooper 产品形象的核心造型特点始终得到了"继承"：略微方正的外形加上椭圆形的大灯，经典的长 3699 毫米、宽 1683 毫米、高 1407 毫米的车身尺寸，MINI Cooper 的众多车型如图 1-6 所示。

（a）经典 MINI 三门车型与五门车型

（b）MINI COUNTRYMAN

（c）MINI CLUBMAN

（d）MINI CABRIO

（f）MINI PACEMAN

◎ 图 1-6　MINI Cooper 的众多车型

1.3.2　色彩设计营销

美国营销界有一个著名的"7 秒定律"，即消费者会在 7 秒内决定是否购买商品，而在这短短的 7 秒内，色彩因素占到了 67%，可见色彩对营销的重要性。比如，在可口可乐和百事可乐的营销大战中，色彩营销就演绎得淋漓尽致。虽然从产品的包装到文案广告语，或者到广告的情节设计，甚至各种情怀被拿来营销，但是当大家听到可口可乐和百事可乐的时候，第一个想到的是什么呢？是这两个品牌的标志，是广告语，还是代言人呢？虽然每个人的想法会有所差异，但是绝大部分人第一个想到的是红色和蓝色，这就是色彩在营销中具有的不可撼动的绝对优势，也是色彩营销的魔力。

伊顿在《色彩艺术》中指出："连续对比与同时对比说明了人类的眼睛只有在互补关系建立时，才会满足或处于平衡。""视觉残像的现象和同时性的效果，两者都表明了一个值得注意的生理上的事实，即视力需要相应的补色来对任何特定的色彩进行平衡，如果这种补色没有出现，视力就会自动地产生这种补色。""互补色的规则是色彩和谐布局的基础，因为遵守这种规则便会在视觉中建立精确的平衡。"伊顿提出的"补色平衡理论"揭示了一条色彩构成的基本规律，对色彩艺术实践具有十分重要的指导意义。如果色彩构成过分低调而缺少活力，那么互补色的选择就是十分有效的配色方法。无论是舞台环境色彩对人物的烘托和对气氛的渲染，还是商品广告及陈列等巧妙地运用互补色的搭配，都是提高艺术感染力的重要手段。

20 世纪末，"色彩应用"及"色彩营销"理论已被许多国家的企业广泛运用到营销活动中，它是在激烈的市场竞争中战胜对手并获取竞争优势的一种小策略。在意大利，服装设计师们把大自然的和谐之美完美地融入服装设计，引发了人们对自然和谐之美的向往和反思。

色彩设计营销：以色彩为核心，然后通过分析目标消费者的色彩需求，进而运用色彩给消费对象留下深刻的印象，满足消费者对产品的色彩需求，以色彩来促进消费者购买产品，从而提高销售额。

风格设计营销：风格是众多品牌相互区别的重要标志，是品牌持有者价值观和文化的一种内在素养和外在表现。

如今色彩营销的使用范围越来越广，它突破了原来个人诊断的束缚，更广泛地运用到商品橱窗设计、商品陈列设计、产品及包装设计、企业品牌形象、广告宣传、城市色彩规划等方面。总之，随着色彩营销理论的发展与传播，色彩策略在企业营销活动中的运用越来越广泛，并将逐渐成为企业在激烈的市场竞争中获得优势的一个重要手段。

国内外的很多专家对色彩设计营销的概念都有各自的理解，但总的来说，色彩设计营销是指以色彩为核心，然后通过分析目标消费者的色彩需求，进而运用色彩给消费对象留下深刻的印象，满足消费者对产品的色彩需求，以色彩来促进消费者购买产品，从而提高销售额。

色彩设计营销结合了色彩和营销两方面的知识，一方面分析了解目标消费者的具体色彩偏好，另一方面在品牌的形象设计、产品包装的色彩设计及广告营销中，满足目标消费者的具体色彩需求，最终实现需求、色彩、商品三者的有机结合，从而提高产品的市场竞争力，最终促成产品的销售。

1.3.3　风格设计营销

风格设计营销是品牌持有者的价值观和文化的一种内在素养、外在表现，风格设计营销的武器是风格，它是众多品牌相互区别的重要标志。只有把品牌风格设计与营销结合起来，才能使品牌的内涵、品牌的思想通过品牌风格与风格设计营销展现出来，达到树立自己品牌形象的目的，从而让自己的品牌形象区别于其他品牌。

在现代社会，随着经济的发展和消费观念的更新，人们对产品的消费已由过去简单的功能消费过渡到文化消费、品牌消费、品位消费和个性消费时代，品牌风格的这种标志性作用在消费选择中显得尤其重要。例如，许多国际服装品牌有着属于自己的比较独特的风格，这种风格体现了一种文化、一种品位，同时还展示了其独特的个性，这是它们能够赢得众多消费者青睐的重要原因。纵观当今世界服装产业的格局，依旧是巴黎、米兰、纽约、伦敦、东京等时装之都在世界的时尚舞台上占据着主导地位。大量的国内服装品牌习惯性地受国际服装品牌的影响，缺乏自主创新能力，没有形成自己的品牌风格。

怎样的品牌性格决定走怎样的路，怎样的品牌性格决定怎样的命运。例如，"柒牌"男装推出了设计灵感来源于"龙的精气神"的中华立领，激发了中国整个男装行业的自主产品设计风潮。

1.3.4 款式设计营销

款式设计营销是指在产品的款式设计中融入品牌思想与品牌形象，并通过现代营销的途径，实现品牌的突围、崛起与成功。款式设计是品牌重要的形象工程，是品牌的一种语言、一种哲学，是消费者的一种生活方式的选择。例如，随着时代的演进，服装款式早已超越了人们对衣服的原始需求。各种琳琅满目的服饰挂在橱窗里充其量不过是一堆没有生命的商品，但是它们被人们穿上并被给予诠释之后，款式美丽的衣服便从商品变成无声的沟通方式，开始在现代社会中扮演举足轻重的角色。

什么样的款式就代表什么样的品牌形象，同时决定了什么样的消

功能设计：按照产品定位的初步要求，在对用户需求及现有产品进行功能调查分析的基础上，对所定位产品应具备的目标功能系统进行概念性构建的创造活动。

费群体。如特步品牌，仅风火鞋系列就创下了单品销售量 120 万双的业内奇迹，开辟了大众品牌细分市场，其款式设计营销就是成功的很好例证。

1.3.5　功能设计营销

功能设计是指按照产品定位的初步要求，在对用户需求及现有产品进行功能调查分析的基础上，对所定位产品应具备的目标功能系统进行概念性构建的创造活动。功能设计是功能创新和产品设计的早期工作，是设计调查、策划、概念产生、概念定义的方法，也是产品开发定位及其实施的环节，体现了设计中的市场导向作用。在具体的设计过程中，我们可以采用用户设计、专业设计，或者二者相结合的方式。功能设计以消费者的潜在需求和功能成本规划为依据来设计产品的功能，经过产品功能的成本核算后，由专业人员进行产品的设计并生产，通过定价开展针对性的营销，使企业跳出产品同质化陷阱。功能设计的依据是市场细分和产品定位理论的深化，市场的细分方法有很多种，但归根结底都是对产品功能的细分。今天的商战已演变为消费心理战，战场的胜利者总是那些最早破译消费者购买行为动机的企业。在功能细分后的市场，往往能出现具有绝对优势的新领导品牌。

功能设计营销是把产品的功能设计当作特别的"武器"来进行品牌营销传播的行为。精明的品牌商总是把功能设计作为领导行业潮流的"武器"，通过整体的营销推广迅速在市场中蔓延，达到品牌裂变的效果。这些行业的领导者总是在适当的时候抛出自己的"武器"——功能产品，以稳定、巩固自己的领导地位。其实，功能产品是大众品

材料作为设计的物质基础，维持着产品的功能和形态，反过来也影响着设计的结果。

牌突围、崛起，并迈向成功的重型武器，往往能达到以小博大、四两拨千斤的奇效。

功能设计营销是品牌以点代面、爆破突围，迈向成功的非常选择。例如，1987年耐克为了适应市场品味变化推出透明外置气垫的运动鞋"AIR MAX"系列，掀起了购买热潮。这一系列产品一直延续研发至今，为耐克纵横驰骋天下立下了汗马功劳，是耐克的现今市场上最为人们推崇的一大亮点。

1.3.6 材料设计营销

产品设计与材料有极为重要而又密切的关系。产品设计的核心是功能，功能的承载体是产品，而材料是产品的造型要素。材料作为设计的物质基础，维持着产品的功能和形态，反过来也影响着设计的结果。一般而言，产品设计与材料的关系如图1-7所示。

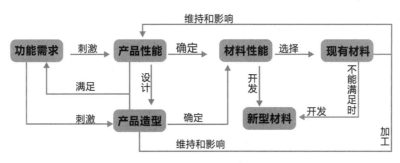

◎ 图1-7　产品设计与材料的关系

日本建筑师隈研吾非常关注产品设计中材料的运用，他曾说："我一直在寻找 21 世纪建筑的基本驱动力,在 19 世纪是石头和木材,在 20 世纪是混凝土,在 21 世纪是什么呢?我认为是新材料,也可能是旧材料的新用法。"无论是建筑设计还是工业产品设计,材料都是设计师展现内容的载体。不同的材料,其形状、纹理、色泽等都蕴含着表达情感和思想的设计语言。

1.3.7　设计师设计营销

设计师设计营销即"设计师明星化",它是通过设计师的专业、影响与号召力,运用先进营销的方式推广品牌的一种手段。众多国际大品牌在长达数十年甚至百余年的岁月中,都有意或无意地运用过这种手段,并且不厌其烦地运用,这些国际品牌深谙品牌运作之真谛。

关于很多欧洲品牌,大家都不清楚品牌商的老板是谁,但知道品牌设计师是谁。其中,不仅是阿玛尼、范思哲这样的设计师品牌,还包括很多综合品牌。比如,大家不清楚法国品牌香奈儿公司的 CEO 是谁,但知道它的设计师是卡尔·拉格菲。再如,大家不清楚法国品牌迪奥公司的 CEO 叫什么,但知道它的设计师是想象力天马行空的约翰·加里亚诺。

设计师设计营销可以使品牌放射出耀眼的光芒,并使品牌越来越闪耀。

第 2 章
用户价值的实现是设计营销的核心

今天的企业已经意识到，要吸引市场上所有的消费者，或用不同的方式吸引所有的消费者，都是不可能的。因为市场上的消费者数量庞大、分布广泛，并且他们的需求和购买行为各不相同。另外，企业在服务不同市场方面的能力也有很大的差异，必须设计出能够与合适的消费者构建合适关系的用户驱动型营销战略。

因此，大多数企业已经从大众营销的模式转移到了选择目标市场，营销——了解市场的各个部分，选择其中一个市场或者几个细分市场，做专为这些细分市场准备的营销计划。企业不再分散其营销精力（"机关枪"扫射方式），而是将注意力集中于对企业创造较大价值或有较大兴趣的消费者（"手枪"点射方式）。

目标营销的确定通常要经过三个步骤，即所谓的营销STP——Segmentation（细分）、Targeting（选择）、Positioning（定位），因此需要研究"市场细分""目标市场选择""产品定位"三个方面。

如图 2-1 所示是企业设计一个用户驱动型营销战略经历的四个主要步骤。在前两个步骤中，企业选择将要为之服务的用户。市场细分指的是将市场划分为具有不同需要、特征或行为，以及需要不同产品

> 市场细分：将市场划分为具有不同需要、特征或行为，以及需要不同产品或营销方案的用户群体。

或营销方案的用户群体。企业可以采用不同的方法对市场进行细分，并了解划分后细分市场的情况。选择目标市场就是通过评价各细分市场的吸引力，然后有选择地进入一个或多个细分市场的过程。

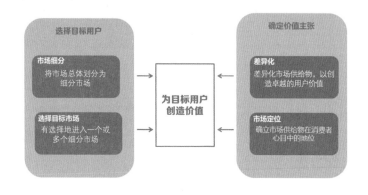

◎ 图 2-1　设计用户驱动型营销战略

在后两个步骤中，企业确定价值主张如何为目标用户创造价值。差异化是指使市场供给物产生实际差异以创造卓越的用户价值。市场定位是指企业为在目标消费者的心里占据一个比竞争者更明确、更独特和更理想的地位而对其市场供给物做出安排的行为。

2.1　市场细分

从某个角度上讲，市场是由消费者组成的，而消费者在各个方面的表现都是不同的。他们可以在需求、资源、地点、购买态度和购买行为上相异。通过市场细分，企业将庞大的不同质的市场划分成了更小的、能够提供与消费者的独特需求相匹配的产品和服务，从而更加有效地细分市场。

2.1.1　消费者市场细分

市场细分没有唯一的方法，需要营销者对不同的细分变量进行测试，包括测试单独的和组合的要素，以发现观察市场结构的最佳途径。在消费者市场细分的主要变量因素中，我们着重探讨以下几个变量因素：地理细分、人口细分、年龄和生命周期细分、心理细分、行为细分等。

1. 地理细分

地理细分是将市场划分为国家、地区、农村、城市等地理单位。企业可以决定在一个或者几个地理单位内运作，或者在所有地理单位内经营，但要关注不同地理单位内人们的需要和欲望的差异。

如今很多企业都将其产品、广告、促销，以及销售方式努力本地化以适应不同地区、城市甚至社区的个性化需求。例如，国家、地区、省、市、县，甚至街道。企业可以决定在一个或者几个地理单位内集中经营，也可以在经营范围覆盖所有地理单位的同时关注需求的差异。例如，一家食品公司将低卡路里甜点成箱运往治疗肥胖症的诊所附近街区的商店；卡夫公司在拉美人聚居地专门开发了谷物食品；宝洁公司在英国市场上销售咖啡味的品客薯片，而在亚洲市场上销售豆豉味的品客薯片。

鲜有公司有资源或者有意愿在全球所有或大多数国家开展经营。虽然一些大企业，如可口可乐公司或索尼公司，在全球超过 200 个国家销售产品，但大多数的国际性企业还是将精力集中于更有限的市场上。跨国经营面临很多新的挑战，不同的国家，甚至相邻的国家，都可能在经济、文化、政治上相差甚远。因此，正如在国内市场上一样，国际企业需要将它们的世界市场也按照不同的购买需求和行为细分。

企业可以采用一种或者多种变量组合的方式细分国际市场。企业可以通过地理位置进行细分，将国家按照地域分类，如西欧、环太平洋、中东或者非洲。地理细分假定相邻的国家有众多共同的需求和购买行为特点。虽然这点通常没错，但是也有很多例外的情况。

例如，虽然美国和加拿大在很多方面是类似的，但二者与邻国墨西哥在文化和经济上的差别都很大。甚至同一个区域中的消费者也可能相差悬殊，如一些美国营销者将中南美国家归为一类。然而，多米尼加共和国与巴西的差别和意大利与瑞典的差别相近。很多中南美国家不讲西班牙语，其包括讲葡萄牙语的 1.88 亿名巴西人和其他上百万名讲各种印第安方言国家的人口。

世界市场还可以根据经济因素进行细分。例如，可以根据国民收入水平或经济发展总体水平对国家进行归类。一个国家的经济结构形成了国民对产品和服务的需求，从而提供了营销机遇。国家也可以根据政治、法律因素进行细分，例如，按照政府类型和政治稳定性、对外资企业的接受程度、货币政策，以及官僚机构的数量进行细分。我们还可以利用文化因素，根据语言、宗教、价值观、习俗及行为模式进行市场细分。

根据地理、经济、政治、文化和其他因素划分国际市场，假定各个细分市场中都包含着相似的国家集群。然而，新的通信技术，例如，卫星电视、互联网将遍布世界各地的消费者联系起来，以至于无论消费者分散在世界的什么地方，营销者都能够锁定并接触到志趣相投的细分用户群。跨国市场细分是将不同国家的具有相似需要和购买行为的消费者划为同一子市场。例如，雷克萨斯将目标市场定位于全世界的高收入人群，无论是哪个国家的。瑞典家具巨头——宜家的目标市场是世界上所有追求品质的中等收入者。

2．人口细分

人口细分是以年龄、性别、家庭规模、家庭生命周期、收入、职业、教育、宗教、世代和民族等变量为基础，将人口市场划分为不同的群体。人口统计因素是对消费者进行细分的最普遍的依据。一种原因是消费者的需要、欲望和使用频率通常与其人口统计变量密切相关，另一种原因是人口统计变量比其他大多数种类的变量更容易衡量。其实，即使营销者采用其他参数（如利润或行为）定义细分市场，他们也必须要知道细分市场消费者的人口统计特征，这样才能评估目标市场的规模，使之高效地运作。

3．年龄和生命周期细分

消费者的需求和欲望根据年龄的不同而有所不同。一些企业按照年龄和生命周期进行细分，对不同年龄和处于生命周期不同阶段的消费者提供不同的产品，或采用不同的营销方案。例如，面向儿童市场，雅培公司销售"均衡营养"的饮料和甜点，产品外包装上印着卡通人物，如图2-2所示。

◎ 图2-2　雅培公司产品外包装上印着卡通人物

而面向成年人市场，雅培公司销售"安素"品牌的产品，帮助其保持健康、活力和充沛的精力，如图2-3所示。

◎ 图2-3　雅培"安素"产品

一直以年轻人为用户导向的电子游戏软硬件开发公司任天堂，面向年长的一代人开发了一款叫作BRAIN AGE的游戏，这是专为锻炼头脑、保持心智年轻而设计的。公司的目标是吸引非游戏玩家的年长者，他们可能觉得提高技能的游戏要比《侠盗猎车手》或《魔兽世界》更富有魅力，如图2-4所示。

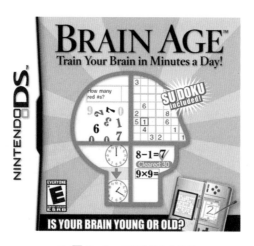

◎ 图2-4　BRAIN AGE

4．心理细分

心理细分即基于社会阶层、生活方式或人格特征将大众市场分为不同的群体。特征相同的人仍可能有不同的心理特征。

人们购买产品的方式反映了他们的生活方式。所以，营销者通常按照消费者的生活方式进行市场细分，并以他们生活方式的特征为基础制定营销战略。美国运通公司的"我的生活，我的卡"主题广告活动透露了被消费者所认同的名人的生活方式，这些名人包括专业冲浪运动员莱尔德·汉密尔顿、电视名人艾伦·德杰尼勒斯及银幕明星罗伯特·德尼罗。

东风雪铁龙 C4L、爱丽舍、世嘉都在中级车市场，如图 2-5 至图 2-7 所示。通过这三款车型的投放，东风雪铁龙汽车品牌在中级车市场形成了密集的产品布局，具备了强大的竞争优势。

◎ 图 2-5　东风雪铁龙 C4L

◎ 图 2-6　东风雪铁龙爱丽舍

◎ 图 2-7　东风雪铁龙世嘉

　　除这样密集的布局外，东风雪铁龙汽车品牌还从客户群体的角度出发，将目标消费者进行差异化定位。对于东风雪铁龙 C4L 与爱丽舍，二者除级别差异外，还在其客户群体上寻找差异化。东风雪铁龙 C4L 的客户人群更加年轻化，爱丽舍的目标人群则更加成熟，二者的消费群体有年龄和心理上的差异。

　　5. 行为细分

　　行为细分是依据消费者对产品的了解、态度、使用或反应对市场进行划分。很多营销者相信行为变量是建立细分市场的最佳起点。

根据购买者产生购买动机、实际购买或使用所购物品的时机进行市场细分。按照购物时机细分可以帮助企业更好地设置产品的用途。例如，麦当劳的"留下您的早晨心情"广告，力图通过宣传为摒除慵懒、烦闷的心情的早餐食品，来扩大麦当劳的销量，如图2-8所示。

◎ 图2-8　麦当劳"留下您的早晨心情" 早餐平面广告

　　在一些节假日，例如，母亲节和父亲节，最初的宣传是为了扩大糖果、鲜花、贺卡和其他礼品的销量。很多营销者为节日制作了特别的商品和广告，美国糖果公司Peeps为复活节、情人节、万圣节及圣诞节开发了不同形状的、甜而松软的棉花糖，公司大部分产品的销量来自这些节日，但广告宣传却强调Peeps"永远及时"，目的在于增加其产品在非节假日时段的需求。

6. 同时采用多种细分依据

营销者很少会将市场细分仅限于一个或者几个变量。他们通常会同时采用多种细分变量，以发现那些范围更小、定义更准确的目标消费者。因此，一家银行不仅会识别富有的退休者群体，还会在这个群体中根据他们当前的收入、资产、储蓄、风险偏好、住房和生活方式将这个群体再进行细分。

一些商业信息服务公司如 Claritas、Experian、Mapln 等，会提供将地理、人口、生活方式、行为等数据整合起来的多元化细分系统，以帮助企业将它们的市场细分到街区，甚至单个家庭。这些领先的细分系统之一是 Claritas 公司开发的 PRIZM NE。PRIZM NE 根据多个人口统计因素，如年龄、受教育水平、收入、职位、家庭消费和住房，以及行为和生活方式因素，如购买、闲暇活动和医疗偏好，将每个美国家庭进行区分。

PRIZM NE 将美国家庭划分为 66 个在人口统计因素和行为因素方面不同的细分市场，形成了 14 个不同的社会群体。PRIZM NE 为这些细分市场取了多样化的名称，如 "Kids&'Cul-de-Sacs" "Gray Power" "Blue Blood Estates" "Mayberry-villea" 等，有助于将群体的差异鲜明地表现出来。

PRIZM NE 及其他类似的系统可以帮助营销者将消费者和他们居住的区域划分为便于营销的群体。每个群体都有自己的爱憎模式、生活方式和采购行为。例如，"Blue Blood Estates" 街区是主要由社会精英、富裕家庭组成的城市郊区中社会团体的一部分，这个细分市场的人们更可能拥有奥迪 A8，并喜欢滑雪度假；"Hotguns & Pickups" 细分市场是美国中产社会群体的一部分，这个细分市场的人们更可能去狩猎、买摇滚乐唱片、驾驶道奇公羊汽车。

这样的市场细分为各种营销者提供了一个有力的工具，从而帮助营销者识别并更好地了解关键的细分用户群，更有效地瞄准细分市场，并为细分市场的特定需求量身定制市场供给物和信息。

2.1.2　有效市场细分的要求

诚然，细分市场的方法有很多，但并非所有的市场细分方法都有效。要想市场细分方法有效，必须符合如图 2-9 所示的条件。

◎ 图 2-9　有效市场细分的 5 个条件

1．可衡量性

市场的规模、消费者的购买力，以及细分市场的特征都要能够测量。有些细分变量很难测量，例如，美国有 3250 万名"左撇子"（数量几乎等于加拿大人口总数），然而很少有产品将目标市场定位于这群人。主要原因可能是这个细分市场难以识别，且细分变量难以测量。"左撇子"的人口统计没有任何数据资料，而且美国统计局在研究中不会追踪习惯用左手的人。私人数据公司保存着多类人群的数据资料，但这些数据资料中不包括"左撇子"人群。

2．易接触性

细分市场可以让营销者有效地接触目标群体并为之提供服务。如果一家香水公司发现自己品牌的重度使用者都是夜间社交生活丰富的单身男女，那么除非这个群体的成员聚集在某些地方生活、购物，并暴露于某种媒体上，否则，营销者将很难接触到他们。

3．可持续性

细分市场足够大，或盈利性足够强。一个有效的细分市场应该是值得用一种量身定制的营销方案去争取的同质群体。例如，对一个汽车制造商来说，专为身高超过 7 英尺（约为 2.13 米）的人开发汽车肯定是不现实的。

4．可区分性

细分市场在概念上可以区分，并对不同的营销要素及组合方案有差异性的反应。如果已婚女士与未婚女士对香水的促销反应相似，那么她们就无法分开构成独立的细分市场。

5．可执行性

可执行性是指商家通过设计有效的营销方案吸引细分用户群并为他们服务。例如，虽然一家小型航空公司识别了 7 个细分市场，但该公司的员工数量太少了，不可能为每个细分市场都开发单独的营销方案。

2.2　目标市场选择

细分市场揭示了企业的市场机会。企业下一步必须对各个细分市场进行评估，并决定它能较好地服务于哪几个细分市场。我们来看看企业是如何评估并挑选目标市场的。

2.2.1　细分市场的有效评估

在评估不同的细分市场的过程中，企业必须审视三个因素：细分市场的规模和成长性、细分市场的结构性吸引力、企业的目标和资源。企业必须搜集并分析各个细分市场当前的销售数据、增长率，以及预期盈利。企业会对具有合适的规模和成长性的细分市场产生兴趣。合适的规模和成长性是相对来说的，规模较大、发展较快的细分市场对各个企业来说，不是最具有吸引力的。小型企业可能缺乏必需的技能和资源来为大规模的细分市场服务，或者它们可能觉得这些细分市场的竞争太激烈了。所以小型企业可能会将目标市场锁定于那些规模相对较小、吸引力相对较弱的市场，不过这些市场对它们来说，盈利水平更高。

企业也需要审视长期影响细分市场吸引力的主要结构性因素。如果一个细分市场包含着强大的竞争对手，那么它的吸引力就不大。众多现实中的或者潜在的替代品的存在可能会限制企业产品价格和企业可能获得的利润。另外，消费者购买力也会影响细分市场的吸引力。对于卖方来说，如果买方有很强的讨价还价能力，那么买方就会力图迫使卖方降价，提供更多的服务或树立竞争对手，所有这些行为都会影响卖方盈利。另外，在一个细分市场中，如果有强大的供应商，那么产品的吸引力就不强，因为供应商可以控制市场价格，或降低采购产品和服务的质量和数量。

即使一个细分市场有合适的规模和成长性，并在结构上具有吸引力，企业也必须考虑自己的目标和资源。一些有吸引力的细分市场可以快速地被剔除，因为它们与企业的长期目标并不吻合。或者企业可能缺乏在具有吸引力的细分市场中获得成功所必需的技能和资源。企业应该只进入那些能够创造卓越的用户价值并获得竞争优势的细分市场。

2.2.2　目标市场选择

在对不同的细分市场进行评估之后，企业必须决定将哪几个或哪些细分市场作为目标。目标市场由企业决定为其服务的具有共同需要或特征的用户群组成。选择目标市场可以在几个不同的层次上实施。图 2-10 表明企业的目标市场可以设置得非常广泛（无差异营销）、非常狭窄（微观营销），或者取二者之间（差异化营销或集中营销）。

◎ 图 2-10　营销目标市场选择战略

1. 无差异（大众）营销

采用无差异营销战略，即企业决定忽视细分市场的差异，向全部市场提供单一的供应物。这种大众营销战略将精力集中于消费者需求的共同点而不是差异点。

但是，大多数现代营销者都对这种战略持有强烈的怀疑态度。在开发一种能满足所有消费者需求的产品或品牌的过程中会面临很多困难。另外，采用大众营销战略的企业在聚焦的行业竞争中通常会遇到麻烦，因为有些企业在满足特定的细分市场和利基市场需要方面做得更好。

2. 差异化（细分）营销

差异化营销是指面对已经细分的市场，企业选择两个或者两个以上的子市场作为市场目标，分别对每个子市场提供有针对性的产品和服务及相应的销售措施。企业根据子市场的特点，分别制定产品策略、价格策略、渠道（分销）策略及促销策略并实施。

差异化营销的核心思想是"细分市场，针对目标人群进行定位，导入品牌，树立形象"。其是在市场细分的基础上，针对目标市场的个性化需求，通过品牌定位与传播，赋予品牌独特的价值，树立鲜明的形象，建立品牌差异化和个性化的核心竞争优势。差异化营销的关键是积极寻找市场空白点，选择目标市场，挖掘消费者尚未被满足的个性化需求，开发产品新功能，赋予品牌新价值。差异化营销的依据是市场消费需求的多样化特性。不同的消费者具有不同的爱好、不同的个性、不同的价值取向、不同的收入水平和不同的消费理念等，从而决定了他们对商品有不同的需求侧重，这就是为什么需要进行差异化营销。

差异化营销不是某个营销层面、某种营销手段的创新，而是产品、概念、价值、形象、推广手段、促销方法等多方位、系统性的营销创新，并在创新的基础上实现企业在细分市场上的目标聚焦，取得战略性的领先优势。

采用差异化营销战略是企业选择几个细分市场，并对各细分市场单独设计提供物的市场涵盖战略。如福特汽车公司曾经相继推出的品牌：福特、沃尔沃、林肯、捷豹、路虎等，以满足消费者对汽车的不同需求，如图 2-11 所示。

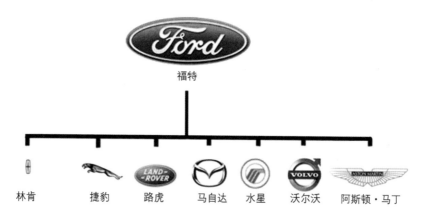

◎ 图 2-11 福特汽车公司曾经相继推出的品牌

可口可乐公司不只是向市场提供统一规格的瓶装可乐，除保留原有的碳酸可乐饮料产品外，其相继推出了汽水、果汁等，在原始可乐的基础上推出的低糖饮料——健怡可乐，风靡全球，同时，推出的儿童果汁饮料——酷儿，也非常成功，如图 2-12 至图 2-14 所示。

这两大行业头部企业由原来的无差异营销战略转向差异化营销战略，并取得了很大的成功，市场竞争地位得以保全。

当技术的发展、行业的垂直分工及信息的公开性、及时性，使越来越多的产品出现同质化时，寻求差异化营销已成为企业生存与发展的一件必备武器。战略管理专家迈克尔·波特是这样描述差异化战略的：当一个公司能够向客户提供一些独特的、其他竞争对手无法替代的商品，对客户来说其价值不仅仅是一种廉价商品时，这个公司就把自己与竞争厂商区别开了。

◎ 图 2-12　可口可乐产品群

◎ 图 2-13　健怡可乐　　　　◎ 图 2-14　酷儿儿童饮料

对于一般商品来说，差异总是存在的，只是差异的大小不同而已。而差异化营销所追求的差异是产品（物理的产品或服务产品）的不完全替代性，即企业凭借自身的技术优势和管理优势，生产出在质量、性能上优于现有市场水平的产品；或在销售方面，通过有特色的宣传活动、灵活的推销手段、周到的售后服务，在消费者心目中树立起不同于一般的形象。

（1）产品差异化

产品差异化是指产品的特征、工作性能、一致性、耐用性、可靠性、易修理性、式样和设计等方面的差异。也就是说，某一企业生产的产品，在质量、性能上明显优于同类产品，从而形成独自的市场。对于同一行业的竞争对手来说，产品的核心价值是基本相同的，所不同的是在质量和性能上，在满足用户基本需求的情况下，为用户提供独特的产品是差异化战略追求的目标。中国在 20 世纪 80 年代，10 个人用 1 种产品，在 20 世纪 90 年代，10 个人用 10 种产品，而在当代，1 个人用 10 种产品。因此，任何企业都不能用 1 种产品满足 10 种需求，最好是推出 10 种需求满足 10 种产品，甚至满足 1 种需求的 10 种产品。

式样是指产品给予购买者的视觉效果和感受。以海尔冰箱为例，其款式有欧洲、亚洲和美洲三种不同的风格。欧洲风格是严谨的，方门、白色外观；亚洲风格以淡雅为主，用圆弧门、圆角门、彩色花纹、钢板来展现；美洲风格则突出华贵，以宽体流线造型呈现。

（2）服务差异化

服务差异化是指企业向目标市场提供与竞争者不同的优异的服务。尤其是在难以突出有形产品的差别时，竞争成功的关键常常取决于服务的数量与质量。区别服务水平的主要因素有送货、安装、用户培训、咨询、维修等。售前和售后服务的差异成了对手之间的竞争利器。例如，同样是一台计算机，有的保修一年，有的保修三年；同样是用户培训，联想计算机、海信计算机都有免费的培训学校，但培训内容各有差异；同样是销售电热水器，海尔集团实行 24 小时全程服务，售前、售后一整套优质服务让每一位用户满意。

在日益激烈的市场竞争中，服务已成为全部经营活动的出发点和归宿。如今，产品的价格和技术差别逐步缩小，影响消费者购买的因素除产品的质量和公司的形象外，关键的是服务的品质。服务能够主导产品的销售趋势，服务的最终目的是提高用户的回头率，扩大市场占有率。而只有差异化的服务才能使企业和产品在消费者心中永远占有"一席之地"。美国国际商用计算机公司（IBM）根据计算机行业中产品的技术性能大体相同的情况分析，认为服务是用户的急需，因此确定企业的经营理念是"IBM 意味着服务"。海尔集团以"通过努力尽量使用户的烦恼趋于零""用户永远是对的""星级服务思想""是销售信用，不是销售产品""优质的服务是公司持续发展的基础"，以及"交付优质的服务能够为公司带来更多的销售"等服务观念，使用户在使用海尔产品时得到全方位的满足，海尔的品牌形象从而在消费者心目中越来越好。

海尔差异化服务的本质是创新与速度，通过不断推出创新模式，实现服务升级、服务的差异化。而服务的差异化也不单单是形式的差异化、理念的差异化，而是以用户为出发点，根据用户需求变化而不断创新，因此服务差异化是企业对市场认知度与企业战略调整的反映。

（3）形象差异化

形象是公众对产品和企业的看法和感受。形象差异化是指通过塑造与竞争对手不同的产品、企业和品牌形象来获得竞争优势。塑造形象的工具有名称、颜色、标志、标语、环境、活动等。以色彩来说，星巴克的绿色、百事可乐的蓝色、可口可乐的红色等都能够被消费者在众多的同类产品中很轻易地识别出来，如图 2-15 所示。

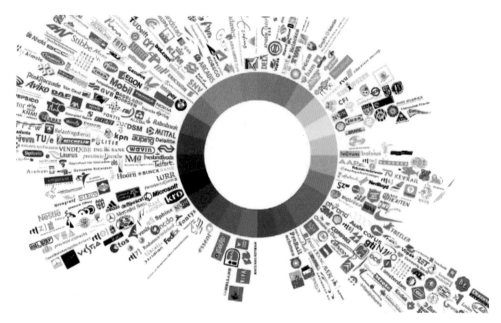

◎ 图2-15　全球品牌标志色彩系统分类

在实施形象差异化时，企业一定要针对竞争对手的形象策略，以及消费者的心智而采取不同的策略。企业巧妙地实施形象差异化策略会收到意想不到的效果。

2.2.3　社会责任营销

通过明智地选择目标市场，企业能够通过将精力集中于它们比较有能力满足需求，且盈利较多的细分市场，取得更高的利润。目标市场的选择对用户有利——企业可以根据用户的需求，精心设计供给物，并提供给特定的用户群。然而，目标营销有时也会引发争议和关注，通常与以富有争议或潜在有害的产品瞄准弱势、易受伤群体有关。

因此，在目标营销中，问题不在于目标的认定，而在于如何寻找目标。当营销人员试图以目标市场为代价获得盈利，即当他们不公平地将目标针对弱势群体，或以问题产品和以欺骗手段瞄准弱势群体时，争议就产生了。社会责任营销需要的是，不仅为企业的利益服务，还要为目标群体的利益服务。

2018 年 5 月 18 日的全球无障碍日，苹果公司在官网首页上推出了"不为多数人，不为少数人"的专题页面，介绍其旗下各产品的辅助功能，阐述"让每一个人受益的科技，才是真正强大的科技"的品牌理念，如图 2-16 所示。"旁白"是一种基于手势的屏幕阅读器，在盲人用户看不见屏幕的情况下，可以读出苹果手机屏幕上的内容。"Made for iPhone"可以为听力障碍者放大谈话者的声音，帮助他们听得更清楚。而对于活动能力受限的人来说，"切换控制"可以使用内置功能以及切换开关、控制杆或其他自适应设备来控制屏幕上的内容，甚至不用直接接触屏幕。为了让更多的人认识这些功能，苹果公司还在这个专题页面中展示了一个视频短片。在视频短片中，残障人士的生活都因为苹果公司的产品得到了某种程度的改善。这一系列宣传展现了苹果公司作为头部科技企业的社会责任感。

◎ 图 2-16　2018 年，苹果公司全球无障碍日宣传专题

2.2.4　目标人群的定义

人是复杂的高等生物，研究人绝不是一件容易的事情。高效而优秀的设计是以正确的方式从正确的人身上获取正确的信息。正因如此，发现并了解目标人群是设计、研究必不可少的环节。

当我们思考该如何描述目标人群的时候，脑海中会浮现出许多方式和衡量标准。然而，它们大致能分为 3 个方面：身份、文化和价值观。身份是人的基本说明，如性别、民族、年龄和职业。这些描述都十分清晰与客观，可以经常被人们用作数据统计。掌握人口统计学研究是做好身份数据的最佳途径。文化是一系列描述人与群体之间关系的因素，包括目标人群的传统、国籍、社会规范和宗教。对有关文化的描述主要源于民族志研究。价值观与个体因素和群体因素有关：一个人是如何思考与感知的，他渴望什么，如何决策？对于人类价值观的研究往往使用心理学的研究方法，如图 2-17 所示。

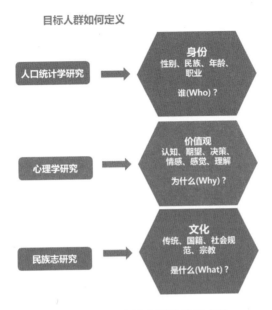

◎ 图 2-17 目标人群的定义方法

1. 人口统计学研究

这是可以被量化的特征，包括个人的基本资料信息。这些信息对设计师会有所帮助，如表 2-1 所示。

表 2-1 人口统计学量化因素

人口统计学量化因素	
性别	家庭中有固定收入的人数
年龄	雇主 拥有或租赁的房产
教育水平	使用/购买该产品/服务的频率
婚姻状况	
家庭规模	
收入水平	

"他经济"：又称男性经济，一般用来描述在经济社会发展过程中，随着男性群体自我意识的觉醒，男性对于自身价值和能力进行重新定义，产生的新的消费需求。

"他经济"又称男性经济，与女性经济的"她经济"相对应。一般用来描述在经济社会发展过程中，随着男性群体自我意识的觉醒，男性对于自身价值和能力进行重新定义，产生的新的消费需求。在过去，男性消费一直被传统市场低估，然而越来越多的迹象表明，"他经济"正在崛起，越来越多的男性意识到，他们的外在形象、服装搭配与个人品位已经在职场与事业中发挥了极其重要的作用。

QuestMobile 2018 年发布的《中国移动互联网"他经济"报告》显示，男性移动互联网网民月活数量已经达到 5.9 亿人，高消费男性群体月活数量达到 8700 万。在年龄分布上，近 70% 的男性购物者在 30 岁以下。

根据腾讯数据实验室发布的《2018 服装消费人群洞察白皮书》显示，"90 后"消费者在成为服装消费主力的同时，也更加注重服装的品质，以及品牌所传达出的年轻意味。在欧莱雅与天猫联合发布的《中国男士理容白皮书》中，"精致男人"的数量呈明显上升态势，这其中，34 岁以下群体占比接近 70%，年轻化特征显著。值得注意的是，"95 后"男性对美妆的关注度也在逐年提升。从他们购买的美妆品类来看，面膜销售指数较高，其次为护肤套装和洁面用品。还有 18.8% 的"95 后"男性会使用 BB 霜，18.6% 的"95 后"男性会使用唇膏。

CBNData 联合天猫、huya（虎牙）发布的《Z 世代圈层消费者大报告》指出，"Z 世代"热衷于科技产品，2019 年，"Z 世代"在智能家居系统的消费额增幅高达 344%，体现出了他们对全面智能化生活的追求。

2018 年年初，李宁品牌携"悟道"系列登上 2018 纽约时装周秋冬秀场，融合了中国国学元素的新品一亮相就引起了社交网络的疯狂刷屏，如图 2-18 所示。时装周结束后，李宁股价涨了 9.88%，创下 2017 年 1 月 8 日以来的最大涨幅。或许是看到了首次登上国际时装周带来的商业效应，此后李宁品牌又先后 3 次登上国际时装周的舞台。也是从这时开始，国潮风开始逐渐兴起，如今已经成为大势所趋。李宁公司发布的《2019 半年财报数据》显示，其营业收入高达 62.55 亿元，相较 2018 年同期增长 32.7%，而归母净利润同比增速高达 196%，净利润达 7.95 亿元。李宁品牌再度回暖的原因除迎合时下年轻人的喜好外，还要归功于"他经济"与年轻化消费市场的崛起。

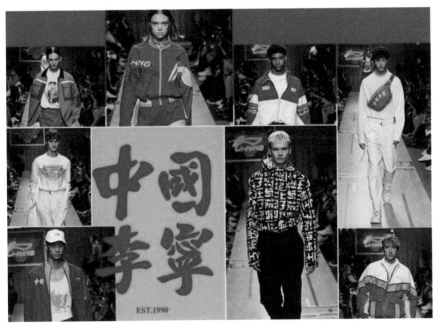

◎ 图 2-18　李宁国潮风营销

在美妆产品方面，2018 年 9 月，香奈儿发布了 2019 男士化妆品系列 Boy de Chanel，这也是其品牌成立以来第一次专门为男士推出的一整条产品线。该品牌还打出了"美无关乎性别，而在于风格"的理念，用 3 款基础化妆品：粉底液、唇膏和眉笔，满足男性日常妆容的打造的需求。另外，纪梵希也在 2019 年上线了男女通用的彩妆系列产品——MISTER。

2．心理学研究

我们还可以通过心理学研究来定义目标人群。以消费心理学探讨消费者的动机，即消费行为的原因。

① 人格类型，如图 2-19 所示。

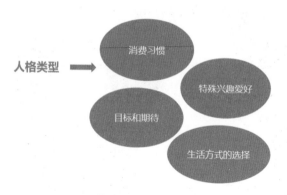

◎ 图 2-19　人格类型

消费心理学的研究方法有很多，常见的研究方法包括正式的问卷调查、虚拟或现场焦点小组，以及通过各种数据收集与分析的软件可以快速归纳消费者的数据并将其分类，匹配相应的消费者类型。

② 消费心理学的优势如图 2-20 所示。

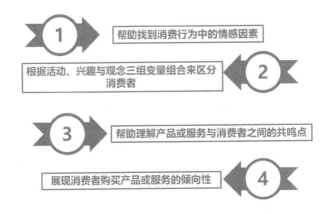

◎ 图 2-20　消费心理学的优势

③ 消费心理学的劣势如图 2-21 所示。

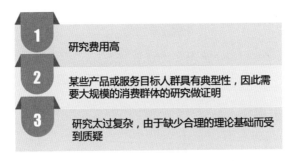

◎ 图 2-21　消费心理学的劣势

④ 价值观和生活方式系统的分类。

消费心理学研究可以帮助我们找到产品或服务的目标消费者。合理的消费心理学研究告诉我们消费者是谁，以及他们的需求和喜好分别是什么。斯坦福研究学院（Stanford Research Institute, SRI）在 1978 年创立了一套消费者分类系统，称作价值观和生活方式系统（Values and Lifestyle Survey, VALS），将消费者细分为 8 种类型，如图 2-22 所示。

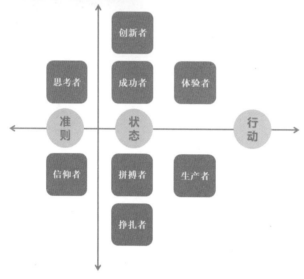

民族志研究：关注整体，要求人们在他们的自然环境中进行实际的研究，而不是通过实验的方式。

◎ 图 2-22　价值观和生活方式系统的分类

3. 民族志研究

民族志研究也可以称为"区域研究"或"案例报告"。民族志研究关注整体，要求人们在他们的自然环境中进行实际的研究，而不是通过实验的方式。

多数的民族志研究是通过直接研究人的日常行为而获得的。往往由人类学家和社会学家来进行这一类研究。作为研究实践的一部分，设计师也逐渐参与到民族志研究中。美国平面设计协会（AIGA）与Cheskin合作，Cheskin是一家设在美国加利福尼亚的顾问公司，它们共同在 2008 年的 AIGA 大会上发布了民族志基础研究报告《民族志入门》，图 2-24 概括了该报告的基本研究方法。报告鼓励设计师采纳民族志研究方法作为专业服务的一部分，或者作为自身知识的补充。一些设计师甚至把民族志研究称作设计的基础性研究，民族志剖析了一个人的文化、信仰和价值观，包括人与人交流时使用什么样的语言与手势？文化的精神实质是什么？将这些问题转变为设计就能回答下面的问题：目标人群的世界观是什么？世界观如何影响和指示目标人群的思考和行为？

从事民族志研究要求研究人员要有耐心，并且要有敏锐的洞察力，一丝不苟地记录自己所看到的一切。最终获取的信息必须经过仔细地检查与分析，确保结论真实、有意义。设计师通过民族志研究可发现机会，并且预测趋势，了解目标人群如何看待他们自己。

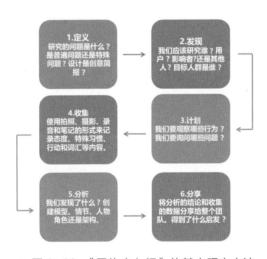

◎ 图 2-23 《民族志入门》的基本研究方法

2.3　产品定位

产品定位是指确定公司或产品在消费者心目中的形象和地位，这个形象和地位应该是与众不同的。但是对于如何定位，部分人士认为是给产品定位。但营销研究与竞争实践表明，仅有产品定位是不够的，需要从产品定位扩展至营销定位，而产品定位必须要解决如图 2-24 所示的 5 个问题。

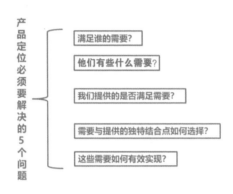

◎ 图 2-24　产品定位必须要解决的 5 个问题

一般而言，产品定位采用五步法：目标市场定位 (Who)、产品需求定位 (What)、产品测试定位 (If)、差异化价值点定位 (Which)、营销组合定位 (How)，如图 2-25 所示。

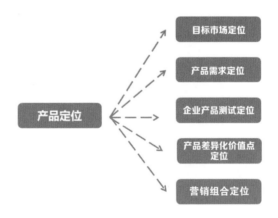

◎ 图 2-25　产品定位的五步法

2.3.1　目标市场定位

目标市场定位即明白为谁服务。在市场细分的今天，任何一家公司和任何一种产品的目标人群都不可能是所有人，对于选择目标人群的过程，需要确定细分市场的标准，然后对整体市场进行细分，再对细分后的子市场进行评估，最终确定所选择的目标市场。

目标市场的定位可采取如图 2-26 所示的策略。

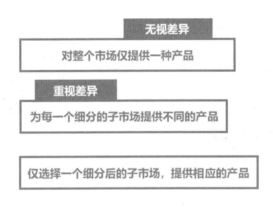

◎ 图 2-26　目标市场的定位策略

如图 2-27 所示，在时尚界有一个专有名词是可适应性服装，它是指那些专为残障或行动不便的人士所设计的服装。随着整个社会越来越包容，已经有不少品牌开始加入这个领域。Zappos 成立于 1999年，被称为"卖鞋界的亚马逊"。2017 年，这家在线零售商开始专注于自适应市场，即专门为残障人士提供服装和鞋类产品。2019 年秋季，Zappos 推出一个名为"Single & Different Size Shoes"（"单个和不同尺码的鞋"）的测试版项目，允许消费者只购买一只到两只不同尺码和宽度的鞋子，其价格与一双配套鞋的价格差不多。在试点阶段，Zappos 还将与耐克、新百伦、匡威、Merrell、Billy Footwea 等众多品牌合作。尽管最初这个项目是为残障人士量身打

造的，但是通过提供单只鞋子和不同尺码的鞋子，Zappos 也在无形
中拓展了大众市场的需求，尤其是那些想要尝试搭配不同鞋子穿的潮
流消费者。

◎ 图 2-27　时尚品牌 Zappos 专门为残障人士提供的鞋类产品

2.3.2　产品需求定位

　　产品需求定位是了解需求的过程，即产品满足谁的什么需要。产
品定位的过程是细分目标市场并进行子市场选择的过程。这里的细分
目标市场是对选择后的目标市场进行细分，选择一个或几个目标子市
场的过程。对目标市场需求的确定，不是根据产品的类别进行，也不
是根据消费者的表面特性进行，而是根据消费者的需求价值来确定
的。消费者在购买产品时，总是为了获取某种产品价值。产品价值组
合是由产品功能组合实现的，不同的消费者对产品有不同的价值诉
求，这就要求市场提供与诉求点相同的产品。在这一环节中，需要调

> 企业产品测试定位：对企业进行产品创意或产品测试，确定企业提供何种产品或提供的产品是否满足市场需求，该环节主要是进行企业自身产品的设计或改进。

研需求，这些需求的获得可以指导开发新产品或改进产品。

例如，早在 2014 年，支付宝钱包推出了无障碍支付功能，然后升级无障碍体验，推出无障碍密码键盘。2016 年 4 月，支付宝利用苹果 VoiceOver 模式，研发出了"语音读屏"功能，让有特殊视力需要的用户能够独立使用支付宝服务。2019 年 10 月 10 日是世界视觉日，支付宝发布了一个短片，讲述了某视障女孩独自出国旅行的故事。她依靠支付宝提供的无障碍体验，独自一人前往韩国首尔，用导航坐地铁、用打车软件叫出租车、去美食市场购物、给妈妈买口红等，这个视障女孩像其他人一样，享受到了互联网带来的便利。

2.3.3 企业产品测试定位

企业产品测试定位是对企业进行产品创意或产品测试，即确定企业提供何种产品或提供的产品是否满足市场需求，该环节主要是进行企业自身产品的设计或改进。通过使用符号或者实体的形式来展示产品（未开发和已开发）的特性，考察消费者对产品概念的理解、偏好、接受程度。这一环节的测试研究需要从心理层面到行为层面来深入探究以获得消费者对某一产品概念的整体接受情况，如图 2-28 所示。

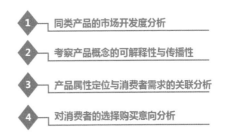

1　同类产品的市场开发度分析
2　考察产品概念的可解释性与传播性
3　产品属性定位与消费者需求的关联分析
4　对消费者的选择购买意向分析

◎ 图 2-28　企业产品测试定位
要探究的 4 个方面的内容

1．同类产品的市场开发度分析

同类产品的市场开发度包括产品渗透水平和渗透深度、主要竞争品牌的市场表现已开发度、消费者可开发度、市场竞争机会，用来衡量产品概念的可推广度与偏爱度。从可信到偏爱，这里有一个层次的加深。有时，整个行业都会面临消费者的信任危机，此时推出新品就面临着产品概念的不被信任与不被认可的危机。

2．考察产品概念的可解释性与传播性

产品概念的可解释性与传播性需要进行产品概念与消费者认知的对应分析。很多成功的企业家并不一定是新产品的研发者，而是新概念的定义和推广者。

3．产品属性定位与消费者需求的关联分析

产品属性定位与消费者需求的关联分析是指分析产品价格和功能等产品属性与消费者需求的关联。即使对产品概念的理解和接受程度再高，如果消费者没有产品需求，或产品的功能不能满足消费者某方面的需求，又或消费者的这种需求可由很多产品给予满足，那么这一产品很难有好的市场前景。通过对影响产品属性定位和市场需求因素的关联分析，从而对产品的设计、开发和商业化进程做出调整。

4．消费者的选择购买意向分析

消费者的选择购买意向分析是指探究消费者是否可能将心理上的接受与需求转化为行为上的购买与使用，即分析消费者的选择购买意向，以进行企业产品定位的最终效果测定。企业产品定位环节包括新

产品的开发研究、概念测试、产品测试、命名研究、包装测试、产品价格研究等。

2.3.4　产品差异化价值点定位

产品差异化价值点定位需要解决目标需要、企业提供产品及竞争各方特点的结合问题，同时，要考虑提炼的这些特点如何与其他的营销属性进行综合。在上述研究的基础上，结合基于消费者的竞争研究，进行营销属性的定位，相关方法包括产品独特价值特色定位、产品解决问题特色定位、产品使用场合时机定位、消费者类型定位、竞争品牌对比定位、产品类别的游离定位、综合定位等。在此基础上，需要进行相应的差异化品牌形象定位与推广。

在差异化品牌形象定位战略规划过程中，营销人员通常会准备一幅认知定位图。该图将展示消费者对某品牌在重要购买参数上的认知。图 2-29 是美国大型豪华运动型多功能汽车（SUV）的认知定位图，图中每一个圆圈的位置表示该品牌在两个维度（价格和导向）上被消费者认知的定位，每一个圆圈的大小代表该品牌的相对市场份额。

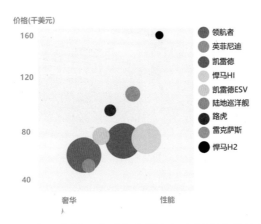

◎ 图 2-29　美国大型豪华运动型多功能汽车（SUV）的认知定位图

由此可以看到，消费者将原装悍马 H2（图 2-29 中右上角的小点）视为货真价实的高性能 SUV。而在市场份额上领先的凯雷德定位于价格适中、奢华和性能均衡的大型豪华 SUV。凯雷德的特点是都市豪华，而且对它来说，性能意味着马力的大小和安全性。你会发现，在凯雷德广告中从没提及越野探险（见图 2-30）。

◎ 图 2-30　豪华陆地游艇——凯雷德

相反，路虎汽车（见图 2-31）和丰田的陆地巡洋舰定位于奢华的越野体验。

◎ 图 2-31　路虎汽车

例如，陆地巡洋舰于 1951 年初创时，是一种以征服世界上最崎岖地带和恶劣气候为目的的四轮驱动吉普车。近年来，陆地巡洋舰保持了探险和高性能定位，同时增加了奢华要素。在陆地巡洋舰的广告片中，将车身置于危险环境中，暗示它还会挑战更广阔的天地——"从死海到喜马拉雅山脉"，丰田公司的企业网站显示，强悍的 VVT- iV8 将提醒你为什么陆地巡洋舰在全世界创造了神话（见图 2-32 ）。然而，丰田公司表示，他们的免提蓝牙技术、DVD 娱乐设备和豪华的车内空间将它的棱角柔性化了。

◎ 图 2-32　陆地巡洋舰

2.3.5　营销组合定位

营销组合定位，即如何满足市场的需要。在确定满足目标用户的需求与企业提供的产品之后，需要设计一个营销组合方案并实施，使营销组合定位到位。这不仅是品牌推广的过程，还是产品价格、渠道策略和沟通策略有机组合过程。正如菲利普·科特勒所言，解决定位问题，能帮助企业解决营销组合问题。营销组合包括产品、价格、渠道、促销等因素，它是运用定位战略的结果。在有些情况下，到位的过程也是一个再定位的过程，因为在产品差异化很难实现时，必须通过营销差异化来定位。今天，你推出的任何一种新产品畅销不到一个月，马上就会有模仿品出现在市场上，而营销差异化要比模仿产品难得多。因此，仅有产品定位远远不够，企业必须从产品定位扩展至营销定位。

第 3 章

产品设计价值的实现是设计营销的根基

3.1 产品开发的基本流程

产品开发流程是企业构想、设计产品，并使其商业化的一系列步骤或活动，它们大多数都是脑力的、有组织的活动，而非自然的活动。有些组织可以清晰地界定并遵循一个详细的开发流程，而有些组织甚至不能准确地描述其开发流程。此外，每个组织采用的开发流程与其他组织都会略有不同。实际上，同一个企业对不同类型的开发项目可能会采用不同的开发流程。

尽管如此，对产品开发流程进行准确界定仍是非常有用的，原因如图 3-1 所示。

基本的产品开发流程包括 6 个阶段，如图 3-2 所示。产品开发流程始于规划阶段，规划阶段将研究与技术开发活动联系起来。规划阶段的输出是项目的使命陈述，它是概念开发阶段的输入，也是开发团

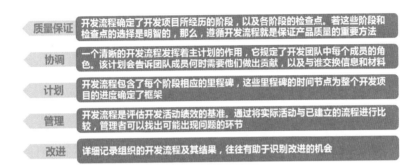

质量保证	开发流程确定了开发项目所经历的阶段,以及各阶段的检查点。若这些阶段和检查点的选择是明智的,那么,遵循开发流程就是保证产品质量的重要方法
协调	一个清晰的开发流程发挥着主计划的作用,它规定了开发团队中每个成员的角色。该计划会告诉团队成员何时需要他们做出贡献,以及与谁交换信息和材料
计划	开发流程包含了每个阶段相应的里程碑,这些里程碑的时间节点为整个开发项目的进度确定了框架
管理	开发流程是评估开发活动绩效的基准。通过将实际活动与已建立的流程进行比较,管理者可以找出可能出现问题的环节
改进	详细记录组织的开发流程及其结果,往往有助于识别改进的机会

◎ 图 3-1 对产品开发流程进行准确界定的 5 个原因

队的行动指南。产品开发流程的结果是产品发布,这时,可在市场上购买到产品。

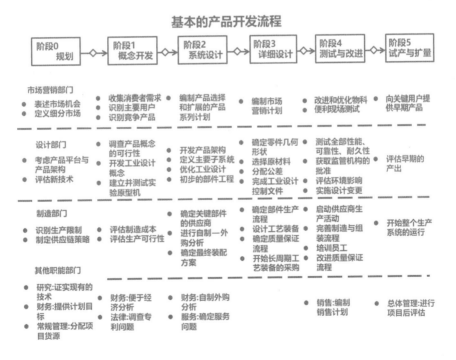

◎ 图 3-2 基本的产品开发流程

3.2　产品开发的成功与失败

3.2.1　产品开发成功与失败的标准

以一般化的技术为前提，开发新产品，其所需要的时间约为半年至一年。企业依照市场环境、消费者取向变化的不同，预测产品周期，并策划商品。而点子商品化之前所进行的"创新 + 商品化"会随着企业内外环境与状况的不同，受制于许多阶段性因素。在企业内部，有营销、设计、技术、生产及营业等各个部门相互合作，在企业外部则需考虑消费者的市场需求及变化、经济情况等，有时也会因无法预测变量而影响开发新产品。

有很多方法可以衡量上市产品的成功与否，但几乎所有人皆能够共识的就是投资收益率（Return On Investment，ROI）。这与无法以数字量化的品牌因素无异，其无形价值提升了企业的利益，而它在以标准化作为评量企业基准的时代，虽然大家都同意设计是提高品牌价值的核心力量，但就策划层面而言，仍偏向从销售率及收益率来判断上市产品的成功与否。

站在设计者的立场，判断上市产品成功的标准如同前面所提到的，必须考虑到无形层面，以获得"好设计"的殊荣，助力品牌形象的提升，还有在有形的层面，为企业创造实质的销售收益，提高企业投资收益率。

必须抓住设计经营管理策略上的两大重点。这是由于必须考虑到公司长期的规划及短期的收益。仅仅依靠工匠精神，只是在直观式的设计质量方面在新产品开发中进行合作，换句话说就是，在毫无设计策略时就贸然进行产品设计，那么结果就是设计出来的产品不会理想。

3.2.2 设计是产品成败的关键

表 3-1 产品开发的成功因素和失败因素

成功因素	项目	失败因素
符合消费者需求 考虑消费者倾向改变 有效地运用消费者不满意的项目	消费者	不符合消费者需求 消费者倾向改变 不顾消费者不满意的项目
有市场竞争力的产品 预测趋势并做准备 在适宜时投入市场 应付新环境	营销	市场竞争白热化 过时的产品 推出不合时宜的产品 环境条件的变化(经济情况、原料费用上涨等)
优越的技术 管理指挥财产权 弹性应用新技术 研发顺利进行 排除不必要的危险因素	技术	一般的技术能力 不重视知识产权 没考虑到新技术的冲击 研发要求项目的不完整 分散不必要的危险因素
可接纳的决策 流程缩减 品质管理及提升 成本删减、价格竞争力提升 产品设计内容延续 创新	流程	决策困难 流程延迟 品质管理不熟悉及不佳 成本上升、价格竞争力下降 产品设计内容变质 妨碍创新的条件
正面的内部竞争环境 发掘并活用适合的企业优点 发掘潜力 确保财政、预算 与其他部门顺利沟通的文化	组织	负面的内容竞争环境 企业的优缺点分析不完全 无心思开发潜力 无规划财政、预算 与其他部门沟通不顺利

产品开发的成功与否很难单纯地用几个因素来断定。因为产品的开发是通过数个阶段及各部门的合作，所产生的综合性的努力结果。表 3-1 所整理出的各项因素，不仅能够分析产品的成败，还能当作准备成功产品的确认清单来活用。在消费者、营销、技术、流程及组织的领域中所考虑的各种因素，如铜板的正反面一样，一体两面，虽然可能成为引发失败的危险因素，但是也会成为成功的机会因子。

所设计的产品在开发时，不能只在某一领域独占鳌头。要在各种条件、状况与领域之间合作创新，其发展程度是关键。由各部门、组织协作，在进行各阶段的创新过程中，设计在引导产品成功的合作方面，扮演着相当重要的角色。这是因为从产品策划阶段开始，经过技术开发、量产到宣传，设计始终是唯一，其与产品诞生的过程紧密相关。设计者之所以能够完整地掌握全程，以统合性的观点视之，是因为设计发挥了桥梁的功能，连接提供革新契机的创造性点子和各个领域。因此，产品开发成败的标准，在于是否有伸缩自如的领导力来引导项目，以及设计者负责任的行为与意识。

作为产品开发的代表性流程——关卡流程，相当重视执行的决策系统阶段，如图 3-3 所示这一直线概念相当强烈。

◎ 图 3-3　关卡流程

如果你参考美国设计咨询公司 IDEO 的设计流程图，就能得知，设计是以具有无限可能的伸缩性及融通性的方法来引导流程的，如图 3-4 所示。在技术、消费者与市场环境复杂又剧变的今天，积极活用以设计思考为基础的设计程序概念，对达成一般产品的开发过程，以及凭一般途径无法解决的革新会有所帮助。

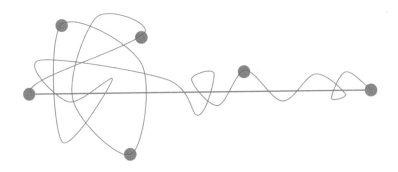

◎ 图 3-4　美国设计咨询公司 IDEO 的设计程序

3.2.3　产品开发失败的原因

对于快速消费品企业来说，由于消费者需求的日益丰富与多样化，产品开发变得越来越重要。在实际的市场营销过程中，很多企业把产品开发工作摆在了重要的位置，但为什么很多企业开发的大部分产品没有能够取得预期的成功呢？以下列举了 6 个原因。

1. 产品的诉求与消费者真正的需求相距甚远

随着市场经济的发展及竞争的加剧，市场上产品的种类日益丰富，消费者的选择面越来越广，新产品最终能否被消费者接受的唯一标准就是该产品是否有效地满足消费者某一方面的独特需求。不能够真正满足消费者某种需求的产品，即使其包装精美、价格便宜，最终也会被市场淘汰。同样，推出的新产品必须能够充分满足消费者的某种独特的需求，但在实际中，很多企业在推出新产品之前并没有认真地对消费者的需求进行仔细分析与研究，没有真正静下心来倾听消费者的声音，而是仅凭一个灵感或想法就确定了产品的概念与诉求。产品的概念与诉求没有经过有效的测试，往往会造成企业认为很不错的产品却与消费者真正的需求相差甚大。

2. 对目标消费者的行为特征分析不够深入

营销的本质是为部分人提供服务。具体来说，企业的任何一款产品不可能同时满足所有消费者的需求，而是只能满足部分消费者的需求。换句话说，不同的产品对应的目标消费者是不同的。不同的消费者表现出不同的消费特征与消费喜好，但在实际的市场营销过程中，很多企业在推出新产品之前只是对该产品的目标消费者有一个大概的描述，大部分情况是企业仅仅界定了目标消费者的性别与年龄段，对于目标消费者的深度消费特征与消费喜好没有仔细地研究，比如，目标消费者一天的生活轨迹是怎样的？目标消费者的业余爱好是什么？目标消费者一般在何时、何地、为何消费产品？企业在缺乏对目标消费者深度理解的情况下推出产品，很难在真正意义上打动目标消费者。

3. 产品与企业的原有定位相差甚远

在企业发展的过程中，会在消费者的心中留下一个相对固定的形象，即该企业是做什么的、主要生产哪种类型的产品。出于对消费者需求变化、竞争环境变化及对企业发展现状的考虑，很多企业采用了多元化经营或经营方向转型的战略，如生产计算机的企业开发农产品，卖糖果的企业转型饼干食品业，如果企业推出的产品与企业原有的产品类别相差甚大，就会大大出乎消费者的意料。由于对企业根深蒂固的印象，目标消费者自然会怀疑新产品的专业程度，接受程度也就打了折扣。

4. 企业品牌意识不够强烈

很多企业推出产品的目的仅仅是为了增加销量，并没有将产品做成品牌的意识或这种意识不够强烈。《易经》中写道："取法乎上，仅得其中，取法乎中，仅得其下！"意思是说，如果我们制定了一个高目标，实际上只可能达到中等水平，如果我们制定了一个中等水平的目标，实际上只可能达到低等水平！如果企业树立的产品目标仅仅是为了增加销量而已，那么产品最后的成功率自然就可想而知了！

5. 简单地抄袭与模仿

简单地抄袭与模仿是国内企业最容易出现的产品开发误区。很多企业根本没有做市场调研，也没有进行针对目标消费者的研究，往往看到市场上什么产品好卖就推出类似的产品。企业推出的新产品与在市场上已经取得成功的同类产品相比，只是在包装或规格上有所不同，有的产品甚至是"赤裸裸"地模仿与抄袭。在实际的市场营销中，最常见的现象就是大量的民营企业一味地模仿照抄成功的产品类别、包装、规格等，在实际的产品推广过程中，主要通过打价格战，低价竞争。产品毫无新意可言，自然很难获得成功。

6. 过于标新立异

与简单地抄袭与模仿不同的是，很多企业为了追求产品的"新""奇""特"，使推出的产品过于标新立异。很多产品的包装的确很新颖，也能够瞬间抓住消费者的眼球，但究竟是什么产品？产品的核心诉求点是什么？消费者却要仔细地看一番才能弄明白。还有一种情况是，很多产品过分地追求新奇或专业的概念诉求，如很多功能性食品借助科学性的语言来强调产品功能的诉求。但由于很多概念太新奇或太专业化，目标消费者根本看不懂，这样的产品自然只能让消费者敬而远之。

3.3 产品的外观设计

3.3.1 产品外观设计与设计营销的关系

影响产品市场营销策略效果的方式有很多，其中，创意新颖的产品的外观设计是一种重要的方式。工业产品的外观设计就是对一个产品的外在形象进行策划及设计，具体来说，就是对产品的外观进行艺术创意策划及个性化包装。

古话云："人靠衣装马靠鞍""三分相貌七分打扮"，说的是个人形象的修饰及美妆设计，提高个人的整体美感，从而给他人留下好的印象，使个人获得更好的自信。从产品的角度来说，一个有艺术创意魅力的外观，包括时尚、经典、简约、精雕细琢，或者古风格的设计。虽然产品的外观风格不同，但是都会让消费者赏心悦目，进而激发消费者的购买欲望。若是某品牌的产品，人们更以拥有该产品而感到自豪。

当今社会，经济发达，物质文化高度发展，市场经济自由发展贸易，信息流通很方便，商品交易更直接和便利，所以不管是消费者还是企业，对产品外观设计都提出了更高的审美要求。当经济发展、社会进步，在社会整体公众设计水平提高的时候，产品外观设计水平也应相应地提高，以满足消费者及企业的需要，更应及时适度地唤醒消费者对产品设计需要的意识及购买动机。

产品外观设计应具有战略导向和指引的意义。在设计产品外观时，应合理、充分地满足社会需要，包括以不同类型及不同层次的设计满足不同群体的受众的需要。

产品外观设计应当走在实现消费者及企业设计需要的前面，应具有战略导向和指引意义。因此，我们在设计产品外观时，应合理、充分地满足社会需要，包括以不同类型及不同层次的设计满足不同群体的受众的需要。

产品外观设计影响市场营销策略的因素有以下几个方面。

① 了解消费者对产品的兴趣形成及其对产品外观设计的影响。

兴趣属于心理学范畴，是指个人或人们力求认识乃至积极探索某种事物和进行某项活动的意识倾向。我们通常按照兴趣的目的或倾向对象将兴趣分为直接兴趣和间接兴趣两种。产品的外观设计以不同的方式存在不同的表现程度和积极性，并与消费者对产品外观兴趣发生联系。消费者的这种选择性态度不但可以通过产品的许多标准化类型模式，而且可以通过标准化前提下的多样化变体生产结果来得到保证。消费者的设计兴趣由三大因素构成：认知倾向、感情倾向和行为倾向。产品的外观设计观念或思想应当满足消费者的兴趣心理需要，符合消费者的兴趣倾向规律，不应我行我素、高高在上，或者设计出的产品外观让消费者生厌，因为设计产品的目的是让消费者接受、购买，而企业获得相应的利润。

② 企业的文化理念、综合实力、科学技术水平、产品需求的人群划分、价格定位等，对产品的外观设计都存在一定的影响。

不同的产品外观所呈现出来的整体形象和质量有天壤之别，例如，有的厂家生产的电饭煲，外观设计简约精致、大方经典，色彩搭配恰到好处，或温馨时尚、简洁高级、美观和谐，体现了比较好的心理感受，也传递了虽然价格较贵但是物有所值的理念；而有的厂家生产的电饭煲的产品外观设计并不能达到消费者的心理预期。

③ 工业设计师应结合多方面的调查分析报告来设计产品外观。

一是市场环境分析。进行市场环境分析的主要目的是了解产品的潜在市场和销售量，以及竞争对手的产品信息。只有掌握了市场需求，才能做到有的放矢，减少失误，从而将企业的风险降到最低。以音响的外观设计为例，企业的定位是户外蓝牙小音响，设计师就得根据户外活动的特点进行产品设计，外观轻巧、携带方便，赋予其户外特征的元素，并尽可能地突出防水等特征，反之，则不会获得好的营销效果。

二是消费心理分析。只有掌握了消费者会因为什么、以什么目的去购买产品，才能制定出有针对性的设计创意。大多数设计方案以消费者为导向，根据消费者的需求来制定产品，但仅仅如此是不够的，还需要对消费者的消费能力和消费环境进行分析才能使整个设计活动获得成功。

三是产品优势分析。只有做到知己知彼，才能战无不胜。在营销活动中，自己的产品难免会被拿来与其他的产品进行对比，如果无法了解自己的产品和其他的产品各自的优势和劣势，就无法打动消费者。设计师应该依据消费者个体的性别、年龄、经济状况、生活经历、教育程度、心理素质、设计认识、文化修养等区别做出判断，对于知识水平较高、经济状况较好的消费者群体，可以注重激发其理性、认知兴趣，从而带动其情感兴趣；对于文化水平相对较低、购买倾向于感性热情、追求时尚较为热烈的年轻消费者，通过时尚宣传互动，并借激发其情感兴趣来带动其认知、行为兴趣，以达到实现购买行为。

四是在多数情况下，消费者个体或群体设计兴趣的产生和强化有赖于参与活动的氛围。

企业或工业设计师可以组织消费者适当地参与各项工业设计活

动，在活动氛围中，消费者对工业设计产品有更直观的体验，从而对新产品有进一步了解的欲望。如果条件允许，可以让消费者适当地参与一些力所能及的设计，增强他们的参与感，人们都会对自己参与设计的产品感兴趣，进而产生购买行为，并促进购买习惯的形成，最后成为某款产品忠实的消费者。

总而言之，产品的外观设计是现实社会生活的反映，又构成、改变了人们的生活。企业重视产品的外观设计，对产品进行良好形象的艺术包装，并赋予文化内涵，讲好产品设计所包含的文化故事；设计师充分发挥专业特长，准确把握市场各方面的有用信息，设计出更有艺术魅力的产品外观艺术形象。产品与消费者始终有千丝万缕的关系，产品的特点吸引着消费者，消费者的兴趣会促使工业设计师设计出更多符合消费者需求的产品。

3.3.2　产品外观设计应遵循的原则

1. 采用与众不同的产品设计

如何设计出一款能够流行的产品，可以考虑在产品设计中加入"社交货币"。顾名思义，"社交货币"就是支持社交活动的媒介，其为人与人之间的交流互动提供话题。具体来说，就是在产品设计时让产品包含与众不同的设计、在公共场合的高辨识度，以及确保产品的实用性。

所谓的与众不同，是要求产品能够提供区分、打造人与人之间不同的体验。比如，Life Water 公司推出了只装半瓶的矿泉水，并承诺另外半瓶水会被捐赠给缺水地区的孩子们。虽然都是矿泉水，但是因为产品本身的独特设计和定位，购买的人也变得与众不同。买"半瓶水"

的人不再是千篇一律地为了缓解口渴的普通人，而主要展示了他们的爱心和社会责任感。这种与众不同让购买产品的人拥有了可供聊天的话题，同时使产品收获了更多的好评和更积极的印象。

2. 打造产品在公共场合的高辨识度

沃顿商学院教授乔纳·伯杰认为，公共性原则是指产品要能够在公共场合被人轻易地认出来，不然做得再好别人也不知道，更别说引发传播了。拿美国电动车及能源公司——特斯拉公司举例，特斯拉公司在设计电动车 Model X 的时候引入了很多新科技，但只有鹰翼门是公司 CEO 埃隆·马斯克坚持要部署的。其目的是增加产品的公共可视性，让人们可以轻松地从一堆车中认出特斯拉品牌。

提高产品在公共场合的辨识度，除像特斯拉公司那样打造高辨识度的外观外，还需要考虑让自己的品牌能够频繁地出现在人们的生活中。大家见得多了，自然就能够轻易地辨识出来了。前面举了耐克公司售卖亮黄色腕带的例子。耐克亮黄色腕带比较百搭，男女均可佩戴，而且还会带来持续的曝光度，帮助耐克公司进一步提升了品牌知名度。

3. 确保产品的实用性

消费者购买产品，首先是基于产品的实用性。产品的外观是产品从属性的保护形式和装饰形式。它应该使产品的实用性更易发挥，甚至增加产品的实用性。我们不能因外观而损害产品的实用性，产品的外观既要起到装饰、美化产品的作用，又要起到保护产品、方便消费者的作用。如产品外观的重要方面——包装，就应给消费者以"易开易封、装量适当、便于携带"的方便感。某企业以前出口人参的包装规格是 20 千克一箱，由于一般人不需要买这么多，再加上携带不方便，销量一度不佳。

后来改为规格为 1 千克小型包装，携带也方便，从而打开了人参出口的销路。

4．强调产品的艺术美感

产品的外观要起到吸引用户、刺激消费者购买欲的作用，必须要在产品的造型、色彩、包装、装潢、图案等各方面下功夫，使产品的外观给人以艺术的美感。首先，要使产品的造型既有艺术美感，又有高尚的格调，引发消费者的喜爱。其次，要做好产品色彩的设计工作。一种产品给人印象最深的是色彩，最能吸引人的也是色彩。我们要根据不同的产品、不同的市场、不同的消费者对产品色彩的不同要求，设计相应的色彩，以满足消费者对色彩的偏好。再次，要给产品设计精美的装潢图案，使产品绚丽多彩、惹人喜爱。这对于纺织品、日用品更有作用。最后，要做好产品的包装设计工作。包装是产品外观的重要方面，包装设计的优劣往往是产品销路好坏的关键。我们应本着"科学、牢固、美观、适销"的方针，力求包装具有新鲜感（大胆采用新材料、新款式），美观感（图案新颖、色彩美观），方便感（易开易封、便于携带），高贵感（典雅大方、形式华丽）。

3.4　产品的风格设计

产品的风格设计因满足人、环境、社会的普遍要求而体现着其存在的价值意义，它是技术、艺术、社会、人文、时代、观念的结合和统一。产品设计必须调节制约的普遍因素与表达造型风格的关系，才能有效地突出设计的价值和个性魅力。因此，突破限定因素的制约以凸显产品的形象个性和内质是产品设计努力追求的基本方向。技术、

产品的设计风格表现的是一种复合的语言形式对形象符号系统的描述过程，在此过程中，它要求用形象的本质特征对产品的风格取向做出明确的界定。

材料、工艺、形态、色彩、造型艺术等语言形式，是组成产品形象符号的要素，产品设计风格就是"形象的语言形式在外在形态的个性设计中反复、充分地体现"。产品的设计风格表现的是一种复合的语言形式对形象符号系统的描述过程，在此过程中，它要求用形象的本质特征对产品的风格取向做出明确的界定。

产品设计风格的形成具有自身的规律性，它的任何存在形式都将建立在科学技术、设计艺术观念与生活方式合理的结合之中。因此，某一时代设计风格的形成主要取决于我们对科学技术、设计艺术观念和生活方式之间的辩证关系的理解和把握。

3.4.1 产品风格的历史演绎

每个时代的社会与人文发展都将形成这一时代特定的审美观念，而审美观念是主导审美趣味、审美理想产生的决定因素，并将其投射到人们的生活中，对产品风格设计产生直接影响。审美风尚和趣味的时代性反映在设计领域中，又成为引导人们形成新的生活方式和新时代审美风尚的主流思想。

在远古时代，石器的打造体现了人类在这一时期对工具的朴素要求，工具的形态效能得到了直接体现并决定了工具单纯的物性设计。造型、功能、取材的自然特性，形成了这一时期单纯朴素的风格特征，如图 3-5 所示。

工业时代以科学技术为支撑的机械化生产方式从根本上改变了农业时代传统的设计思想和方法，设计因迎合了制造技术的标准和特点而得以普及和发展，设计价值的社会意义开始得到根本体现。

◎ 图 3-5　新石器时代石镞

　　随着人们生活方式的变化和本土文化的积淀，产生了各具民族风格特色的生活用具设计。人类开始把宗教信仰和思想情感通过设计注入工具之中，热衷于把图腾符号，自然动物、植物形象精雕细刻地表现在建筑、生活器皿或工具形态的表面，其形式体现了宗教信仰和人文主义思想，成为农业时代产品风格的直接成因。

　　工业时代以科学技术为支撑的机械化生产方式从根本上改变了时代传统的设计思想和方法，设计因迎合了制造技术的标准和特点而得以普及和发展，设计价值的社会意义开始得到根本体现。"外形追随功能"是包豪斯设计思想的重要原则之一，造型因受功能的制约决定了现代工业产品设计"简约、抽象、单纯"的风格，在消费者的普遍认同和推崇中成为国际化的主流趋势，如图 3-6 所示。但现代设计思想取代传统手工艺造物思想，也导致了对传统设计风格的抹杀，产品的个性特征开始在现代技术的加工方式中被削弱和丢失，因此，到了后工业时代，对产品形象风格的个性诉求（形态美的特征、人的情感、适宜性）便成为迫切的需要。

◎ 图 3-6　经典的包豪斯椅子设计

信息技术从根本上改变了人们的生活方式和价值观，当习惯了现代的生活方式和节奏时，我们会发现，传统的生活习惯被现代化的工具剥离得所剩无几，过去传统的生活方式离我们越来越远。为了在产品设计中得到物质和精神的双重满足，调整人、产品、环境、社会之间的关系，产品造型风格的艺术特质和个性化成为人类情感交流的最好方式。产品设计风格个性指向的满足，才是广泛的社会生活本质意义的体现。设计风格带有明确的时代特征，随时代的发展而改变是其文化精神之所在。例如，随着计算机科学和手机通信、材料科学技术的迅猛发展，手机逐渐融入了许多以前计算机才有的功能，如视频聊天、动感游戏等。

3.4.2　产品风格的价值认同

产品对人和社会的意义决定其价值的存在形式，一种新产品在满足人们的生活需求和审美追求的背后，是给制造商带来更大的利润和商业价值。有效地运用产品的形象识别系统是获取这种商业价值的重要方法，其中，产品造型的外在形式，是直接利用服务于人们的方法，建立产品与人们的和谐关系，使人们对产品的形象特征产生深刻的印象，对产品的有效性能产生美好愿望和情感依赖。单纯的技术只能制造产品冰冷的结构和机能，而无法改变其给人留下的呆板和冰冷的印象。因此，以造型艺术语言的手法融入人们的情感，才能改变理性而严肃的技术对人们感性的疏离状态，使产品形象更具亲和力，从而拉近人们与产品的距离。

通过对形态风格的感受，许多成功的产品设计证实了技术品质与形象的完美结合，使人们对产品性能和情感认同得到提高。产品的设计风格对产品的品质、有效价值和形象的个性特征的表现，在思维和感性中得到认识和评价。形象艺术的精神价值和特有的内在气质在消费选择中被认同，是消费评价的直接标准，就像在远古时代，人类把太阳、月亮、火、水尊崇为神灵一样，因为它们都是有益于人类生命和生活的要素。产品的风格无疑也会像它的效能一样给人们的生活带来帮助和满足。

成熟企业的新品开发是围绕市场的发展战略展开的，但同时又必须满足人类和社会的利益需要。产品的开发与创新是面向全社会的系统工程，因为它的产生和影响要对整个人类、社会环境的生存与发展负责。而产品创新设计的难度在于企业自身利益和社会利益双重目标的共同实现。产品形象风格的产生与演化发展、风格定势的认同对消费的连贯影响、品牌血脉在产品分类中的延续、产品形象的整体与个性化细分的关系，统一在企业文化和市场规划的主线上来加以改善和优化，是达到风格形象目标的关键。

3.4.3　设计风格的定义方法

不同行业属性的产品，有不同的审美诉求。对于企业而言，产品的外观设计不仅要新颖美观，还要符合产品的行业特征，符合企业的品牌特色。在产品设计之初，如何定义产品的整体风格是设计师需要考虑和解决的问题。

1. 掌握有效的企业产品信息和市场信息

作为产品的策划者，要想正确定义产品设计的风格，赋予产品独特的文化内涵，应当先深入了解企业的产品生产和销售状况，如企业所属的行业背景、企业的生产能力、产品的年销售概况、内外销比重、市场占有率、产品的技术特点、市场的宣传卖点、目标消费群、目标市场区域、竞争对手等。只有详细了解了企业的产品信息和市场信息，才能进行定位分析，准确地判定将要进行的产品设计应该达到什么样的目的，做到心中有数、有的放矢。

2. 根据行业属性选择符合产品特色的设计风格

如图 3-7 所示，温和主义的设计风格广泛地应用于生活电器、婴幼儿用品、医疗保健等领域，它通过情感化的设计，传达愉悦、舒畅、平和、放松的理念，使人机交互更富有亲和力，抚平人们内心的浮躁。如图 3-8 所示，粗犷主义的设计风格广泛应用于工程机械、精密性仪器、电动工具等专业技术设备领域，它以阳刚的粗犷线条与利落的几何切割，辅以粗中有细的肌理应用与图文传达，在复杂中不失条理、粗犷中不乏细腻，用以诠释产品价值的厚重与霸气。

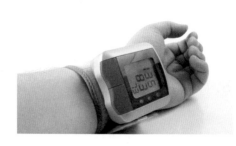

◎ 图 3-7　温和主义的设计风格

◎ 图 3-8　粗犷主义的设计风格

值得一提的是，极简主义的设计风格是现代产品设计的潮流趋势。简约设计、化繁为简，以塑造唯美与高品质风格为目的，摒弃刻意的修饰，追求材质的精细对比，造型语言简练、纯粹，线条严谨而不失巧妙，淋漓尽致地诠释纯粹与经典设计，细细品味之后方能领悟设计之精妙。

3. 风格创新

人们审美的个性化、多元化，也促进了产品设计风格的多元化发展，如图 3-9 至图 3-12 所示。

◎ 图 3-9　轻小与精巧的日本产品设计

◎ 图 3-10　气派与奢华的美国产品设计

◎ 图 3-11　理性与严谨的德国产品设计

◎ 图 3-12　浪漫与时尚的意大利产品设计

3.5　产品的功能设计

产品是具有物质（实用）功能的，并由人赋予一定形态的制成品。在此，物质功能是指产品的用途。产品设计的目标是实现产品一定的功能，产品的物质功能是产品赖以生存的根本所在。功能是相对人的需要而言的，产品的功能反映了产品与人的价值关系。人们购买工业产品是为了满足人的各种物质需要，不被人所需要的产品就是废物。这就是人们常说的"功能第一性"，产品实用功能的价值是以被需要和需要被满足为主要标志的。

好的设计会让用户感觉到产品有用、好用。消费者购买一件产品是为了使用，它必须满足特定的功能标准。这些标准不仅有功能上的，而且还有心理和美学上的。好的设计强调产品的有用性，并略去可能削弱这一点的一切因素。

不论是哪种类型的产品，反映其功能属性的都主要有 3 个方面：功能先进性、功能范围和工作性能，如图 3-13 所示。

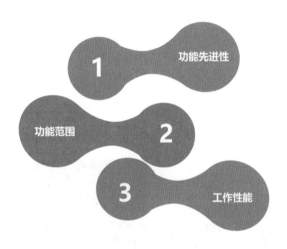

◎ 图 3-13　产品的功能属性

3.5.1　功能先进性

功能先进性是产品的科学性和时代性的体现。运用当代高新技术生产的产品，能提供新的功能或高的性能，不仅能满足人们求新、求奇的心理需要，而且可以解决工作或生活中遇到的难题，使某些愿望得以实现，或者能提高工作和生活质量，使工作和生活更轻松、舒适，从而使人们获得心理上的满足。在此，先进性是相对而言的，其他领域的技术引入某一领域而设计出的具有新功能的新产品，也可以认为是具有功能先进性的产品。例如，具有磁性台面的绘图桌，运用各种物理原理设计的玩具等，虽然这些物理原理并不是新技术，但在这类产品生产中的运用则是新的尝试。

如图 3-14 所示为阿迪达斯品牌的革新之作 Futurecraft 4D。作为一款采用"光和氧气"打造的中底运动鞋，Futurecraft 4D 在鞋型的定制方面延续了 Ultra Boost 的经典造型，也是大众都非常熟知的鞋型，比较有亲切感，Futurecraft 4D 的鞋面采用舒适透气的 Primeknit 材料编织制作而成，在运动的过程中帮助足部疏散热气，鞋底部分由 Carbon 的 Digital Light Synthesis 技术制作来支持。这种创新科技可以通过光定位，其中的透氧片和液体树脂可以制作出非常符合人体工程学的足部缓震、稳定等专业的舒适鞋底，我们可以看到鞋底是网状镂空的造型，能够直观地看到甚至体验到此款技术的科技性。将 3D 打印技术运用到运动用品中，将产品提高到新的水平。

◎ 图 3-14　阿迪达斯 Futurecraft 4D

3.5.2　适当的功能范围

功能范围是指产品的应用范围，对工业产品功能范围的需求是向多功能方向发展的。例如，手表除计时功能外，还有日历功能、定时功能；电子表的功能又与袖珍式收音机甚至钢笔、玩具的功能相结合；随着移动技术的发展，许多传统的电子产品开始增加移动方面的功能，比如，手表内置智能化系统、连接网络而实现多功能，能同步手机中的电话、短信、邮件、照片、音乐等。

工作性能：产品的机械性能、物理性能、化学性能、电气性能等在准确、稳定、牢固、耐久、高速、安全等各方面所能达到的程度，显示产品的内在质量水平，是满足功能需求心理的首要因素。

多功能可以给人们带来许多方便，满足人们的多种需要，使产品的物质功能完善而又有新奇感。比如，可视电话、可调温的喷雾电熨斗等更具有时代感。当然，其功能范围要适度，太宽泛的适用范围不仅会因为产品设计、制造困难而增加产品的成本，还会带来产品使用、维护的不便。可以从人们对功能需要的心理分析出发，将同一系统产品的不同功能，设计成可供人们选择的系列产品。

3.5.3　优良的工作性能

工作性能通常是指产品的机械性能、物理性能、化学性能、电气性能等在准确、稳定、牢固、耐久、高速、安全等各方面所能达到的程度，显示产品的内在质量水平，例如，音响设备的噪声、电视机的图像清晰度等均是消费者首要关心的问题，是满足功能需求心理的首要因素。考虑到上述因素的新产品，能使人们的需要得到满足，从而使人感到快慰。从美学的角度出发，可以认为它具有了功能美，因为它既具有外在的目的性（满足人们需要的使用价值），又具有产品本身固有的机能和生命力。所以，产品的美先来源于产品的功能。

如图 3-15 所示为 nendo 设计室与日本制笔品牌 zebra（斑马）展开合作，共同推出的一款名为"bLen"的圆珠笔，主要关注其构成书写过程的微妙动作。这款圆珠笔外观稳固结实，形状易于抓握，因而长时间地使用它也依然会感觉舒适：第一，笔夹被设计为扁平式，与笔身形状完美贴合，使我们在书写时能保持稳定平衡。第二，按动钮设计为宽且扁平的形状，按动起来十分方便。第三，圆珠笔的墨囊与外壳之间设置了固定元件，能消除快速书写时产生的噪声。这样的设计让组成圆珠笔的多个细小元件保持在正确的位置，从而避免其内部零件产生不必要的活动。第四，为了让笔身更加稳定，设计者在笔尖附近加入了黄铜配重，从而使得整支笔的重心降低，这样的配重也让笔尖与纸张的接触更加光滑、轻柔，从而更加显著地减少笔身由于书写时的向心力产生意料之外的活动。不仅如此，设计者还在可伸缩按钮的系统中加入了弹簧，起到悬吊作用，进一步减少书写时的"咔嗒"声和其他噪声。第五，为了提升书写体验，nendo 设计室与 zebra 共同开发出特制的墨水囊。为了使墨水囊弯曲程度降至最低，"blen"圆珠笔的墨水囊比普通圆珠笔的墨水囊宽 0.4 毫米，还选用了浓稠顺滑的乳剂油墨。

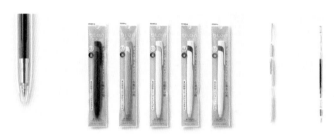

◎ 图 3-15　nendo 设计室与日本制笔品牌 zebra 合作推出的"bLen"圆珠笔

3.6　产品的材质设计

　　产品的材质设计贯穿产品、人、环境系统，材料的特点影响着产品设计，其不仅可以保证可维持产品功能的形态，还可以通过材料自身的性能满足产品功能的要求，成为直接被产品使用者所视与触及的对象。任何一款产品设计，只有确保选用材料的性能特点与加工工艺性能一致，才能实现产品设计的目的和要求。每一种材料的出现都会为产品设计实施的可能性创造条件，并对设计提出更高的要求，给设计带来新的飞跃，形成新的设计风格，产生新的功能、新的结构和新的形态。

材料：作为产品设计的基础，以其自身的固有特性和感觉特性参与设计构思，其审美特征被充分挖掘，为设计提供了新的思路、新的视觉经验和新的心理感觉。

材料作为产品设计的基础，以其自身的固有特性和感觉特性参与设计构思，其审美特征被充分地挖掘，为设计提供了新的思路、新的视觉经验和新的心理感觉。随着设计表现形式的日趋多样化，各类材料独特的审美特征也越来越受到设计师的关注，在设计中，注重材料语言的运用，已经成为现代产品设计的一个重要理念。

3.6.1 材质的美感表现

1. 自然美

许多材质源于美丽的、有生命的物体。一片布满粗细叶脉的树叶，一片叶生叶落、春绿秋黄的森林，自然界的一切无不向人揭示着，在自然力量支配下的生物世界充满多样性和复杂性，这是一种自然生命的美。现代设计师常在工业产品中融入自然材质，使生命的多样性和复杂性能够在产品中得以延续。通过材料的调整和改变增加自然神秘或温情脉脉的情调产品，使人产生强烈的情感共鸣。大自然是伟大的设计师，它所创造的壮观、迤逦、神奇是任何设计师都无法比拟的。这种美在于它拥有深厚的历史，它的多样性和复杂性是千百年来的生命活动逐步形成的。它映射着一种历史沧桑感，记载了无数被遗忘的故事。

如图 3-16 所示，设计师将编织的竹篾融入椅子的设计中，紧实的椅面与夸张的椅背相互映衬，显得独特、有个性，自然气息也十分浓郁。

◎ 图 3-16　自然古朴的竹篾椅子

2. 工艺美

设计好产品形态、确定好材料之后，就要设计一系列的加工工艺，把材料加工成产品。所以加工工艺是工业设计中结构形态设计物化的手段。任何一种产品，无论其功能、形态及材料如何，都必须经过各种加工工艺被制造出来。材质美的来源是运用材料工艺，用最简单的方法解决最复杂的问题，也就是说，产品材料的使用力求与材质的加工工艺相吻合。比如，以前的钣金件是由锻打工人手工打造的。而随着自动控制的运用、新材料工艺的形成，其对材质也产生了影响。比如，冲压成型、拉伸成型工艺等，也发生了很多改变，从而使产品的形态多样化。这些进步都是建立在材料加工工艺基础上的，它们是真实的、合理的，因而也是美的。

材料和加工工艺的关系如图 3-17 所示。

◎ 图3-17 材料和加工工艺的关系

3. 功能美

产品形态中的肌理因素能够暗示使用方式或起到警示作用。

一把锋利的厨师刀通常只在刀柄上看见木材的身影，木材的比例只占整把刀的30%左右。但德国Lignum设计团队经过两年的研发，设计出了一款全身97%的材料都是木材的锋利厨师刀"SKID"（见图3-18）。"SKID"整把刀的97%都是用罗比董木制作的，而剩下刀部的3%（刀锋）采用合金碳钢制作，在设计制作中经过不断努力，刀锋与刀身几乎实现了完美、坚固的无缝连接。精选的木料使这把刀具有坚固、耐用的特性，同时也非常轻便。刀身部分木材用亚麻子油进行真空渗透，并用特殊油蜡混合物封闭了木材上的毛孔，因此提高了刀身的自洁能力和抗菌性能。

◎ 图3-18 厨师刀"SKID"

4. 感性美

材质会使人产生许多联想。石头、木头、树皮等传统材质总会使人联想起一些古典的东西，产生朴实、自然、典雅的感觉。玻璃、钢铁、塑料等又强烈地体现出现代气息。将这样的材质运用到产品中，会使产品或多或少地带上情感倾向。材质的情感个性就像颜料的色彩一样。运用不同的材质进行产品设计与作画很相似，都是为了表达一定的创意、塑造一定的角色形象。材质的相互配合也会产生对比、和谐、运动、统一等意义。一种好的设计有时亦需要好的材质来渲染，诱使人们去想象和体会，让人心领神会、怦然心动。

如图 3-19 所示，这款桌子的灵感来自波浪，不仅达到了美学的目的，而且创造出实用价值，可以兼作边桌、床头柜、杂志 / 报纸架、文件架等。桌子虽然坚固，但是仍能营造出纸张或轻质织物的柔软感觉。在产生被推向墙壁的错觉的同时，它无缝地成为生活空间的一部分。

◎ 图 3-19　曲边折叠桌

5. 人文美

绿色材质的美源于人们对由现代技术文化所引起的环境及生态破坏的反思，体现了设计师和使用者道德和社会责任心的回归。在很长

绿色设计的核心是"3R"：Reduce、Recycle 和 Reuse，不仅要尽量减少物质和能源的消耗、减少有害物质的排放，而且要使产品及零部件能够方便地分类回收并再生循环或重新利用。

一段时间内，工业设计在为人类创造现代生活方式和生活环境的同时，也加速了资源、能源的消耗，并对地球的生态平衡造成了巨大的破坏。特别是工业设计的过度商业化，使设计成了鼓励人们无节制消费的重要介质，"有计划的商品废止制"就是这种现象的极端表现，因而招致了许多批评和责难，设计师们不得不重新思考工业设计的职责与作用。用新的观念来看待耐用品循环利用的问题，真正做到材料的回收利用。当产品被使用后，将返回到工厂翻新、维修保养，再回到市场，再次被使用，直至产品报废，然后用于材料回收再利用。这样就改变了人们对耐用品的理解和认识，把资源滥用的旧观念引向资源保护的新观念。绿色材质的美着眼于人与自然的生态平衡关系，在设计的每一个决策中都充分考虑环境效益，尽量减少对环境的破坏。对材质设计而言，绿色设计的核心是"3R"，即 Reduce、Reuse 和 Recycle，在设计的过程中，我们不仅要尽量减少物质和能源的消耗、减少有害物质的排放，而且要使产品及零部件能够被方便地分类回收或重新利用。在这种道德观的指引下，很多高品质的铅笔都打上了"使用人造可再生资源"的标签。环保的绿色材质产品是设计者和使用者美丽灵魂的展现，因而绿色的环保材质产生了美。

塑料污染在全世界仍然是一个日益严重的问题。虽然越来越多的制度在制定中，以减少全球的塑料消耗量，比如，限塑令，但限制使用终究治标不治本。相比之下，如何提升人们的环保意识是更重要的议题。

以儿童玩具为例。我们不难发现，在大多数家庭里，总有不少大件的塑料玩具，比如，滑行车、摇摇马。这些玩具会让家长感到头疼，它们体积大、占空间，而且孩子们可能没多久就玩腻了。当我们在大型商场里的玩具区漫步时，就会看到 90％的儿童玩具可能都是由不太美观的塑料制作而成的。

ecoBirdy 的设计师花了两年时间来探索用可持续利用的回收塑料制作玩具的方法。该品牌为孩子们设计了造型可爱的作品，而且它们是利用废弃玩具中 100％可回收的塑料制作的，如图 3-20 所示。当然，它们也是 100％安全的，因为在塑料回收过程中会有非常仔细的分类和清洁流程。目前该系列包括 Charlie the Chair（查理椅），Luisa the Table（路易莎桌子），Kiwi the Storage Container（几维鸟收纳容器）和 Rhino the Lamp（犀牛灯）。

◎ 图 3-20　ecoBirdy 用回收塑料做成的玩具

除为孩子们创造可爱、有趣的产品外，ecoBirdy 还用寓教于乐的方式来提高人们对可持续发展的认识。除产品设计外，他们还设计了一个校园计划：通过讲述、参与和反馈三个步骤，让孩子和家长都能有所收获。

首先，从一本故事书开始——这是 ecoBirdy 专门为儿童设计的一本故事书，它讲述了一个有趣的故事，教导学生们如何对待一般塑料玩具，告诉他们为什么塑料会对地球有害，以及旧塑料玩具如何被赋予新的价值，以提高孩子们对塑料废物污染及回收利用的认识。

其次，让孩子们参与其中，并确信每个人都有能力做出贡献。每

工业设计师应当熟悉不同材料的性能特征，对材质、肌理与形态、结构等方面的关系进行深入的分析和研究，科学合理地加以选用，以符合产品设计的需要。

次访问学校，ecoBirdy 都会带上一个大型的收集容器，向学生展示他们可以如何为更加可持续的未来做出贡献。

再次，邀请孩子和父母从家里带上他们废旧的或不想玩的塑料玩具。

最后，所有的孩子和父母都被请求在带来旧玩具时留下他们的联系方式。一旦他们带来的这些旧玩具获得新的价值时，他们就会收到一封电子邮件。这样的反馈不仅会使整个回收升级的过程更加透明化，而且也有利于参与者牢记 ecoBirdy 想要传达的理念。

3.6.2　设计材料的选择应遵循 5 个原则

材料质感和肌理的性能特征将直接影响所制产品最终的视觉效果。工业设计师应当熟悉不同材料的性能特征，对材质、肌理与形态、结构等方面的关系进行深入的分析和研究，科学合理地加以选用，以符合产品设计的需要。设计材料的选择应遵循如图 3-21 所示的 5 个原则。

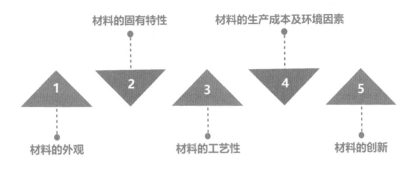

◎ 图 3-21　设计材料的选择应遵循 5 个原则

随着现代科学技术的进步，许多新材料不断地被发明和应用，因此，根据不同的产品结构、功能和要求，选择适宜的材料，也将会为产品形态的多方案设计提供各种可行性的依据。值得注意的是，在产品形态设计中，必须发挥材料本身的自然美，将材料的特征和产品的功能有机地结合在一起，这才是现代工艺的完美追求。

3.7 产品的色彩设计

一些企业在产品制造、包装装潢上运用色彩的感召力来促销。比如，1987 年，日本厂商根据市场调查，改变了铅笔的红、蓝、黑 3 种固定色彩，推出了 30 多种中间色彩，制成轰动一时的彩色铅笔，这就是善用色彩变化赢得消费者的成功事例。

在商品的包装上，高档礼品包装用金、银色并搭配色带，能给人雍容华贵的感觉，从而产生促销效果。色彩是一把打开消费者心灵的无形钥匙，以"色"悦人营销法则的运用，能产生一种无形却又非常有效的沟通作用，能很自然地引起消费者的购买行为。

随着国际交往的不断延伸，经济全球化已成定局。各行业在做研发和拓宽业务范围的时候，越来越多地考虑到以人为本的因素，注重加强服务理念。色彩产业就是基于人的心理需要而产生的，它的服务涵盖的范围十分广泛，国外的色彩行业发展趋势就是不断地对传统行业进行渗透、细化、时尚化各项服务，精确各行业的定位。

国内的许多企业已认识到色彩的重要性，以色彩为卖点有巨大的市场发展空间，但是尚未正式大规模地开展色彩营销。色彩的应用体现在，从产品的色彩设计、开发，到产品外观设计、包装、产品展示的色彩布局、生产环境的色彩气氛烘托等，色彩视觉设计的触角无所不及。基于这一点，中国流行色协会建立了色彩设计中心，以色彩为基础，对社会的流行色彩做调查研究，同时考虑与环境、社会的协调等多方面的影响因素，综合地进行色彩的设计和选配。此外，从全球的角度观察、收集色彩文化的动态与变迁，力求色彩与建筑物、人、大自然最大限度地和谐共存，借鉴国际品牌的运作模式，帮助企业突出品牌文化。

色彩营销不仅在企业营销组合策略中起着重要的作用，为商业创造巨大的市场价值，而且在非营利组织中也得到良好的发展，比如，政府的城市规划设计、城市美容、社会团体的公益性广告宣传等。

如图 3-22 所示为 Comeco de Vida 捐赠盲文图书馆公益广告。广告画面整体色调暗沉，给人压抑的感觉，营造了浓重的氛围，容易感染读者关注广告主题，也突出了广告主题的严肃性。

◎ 图 3-22　Comeco de Vida 捐赠盲文图书馆公益广告

◎ 图 3-22　Comeco de Vida 捐赠盲文图书馆公益广告（续）

3.7.1　消费者与色彩设计营销

1．消费者偏好对色彩设计营销的影响

生产市场上需要的产品，才可以使企业有利可图。所以营销的第一步，当然是了解消费者需要什么样的商品。要恰当地运用色彩，就要了解对于特定的产品，消费者需要产品本身或产品提供者营造的色彩传达给他们什么样的信息和情感，才会符合他们的购买期望。比如，企业生产的是一种高科技产品，那消费者青睐的应是蓝色、绿色等冷色，以及明度低、对比度差的色彩，因为它们虽然不能在一瞬间强烈地冲击视觉，但是能给人以冷静、稳定的感觉，使人感觉到它的科学性、可靠性；如果企业采用的是红色、橙色、黄色等暖色，以及对比强烈的色彩，那么虽然这些色彩对人们的视觉冲击力强，给人们带来兴奋感，能够把人的注意力吸引到商品上来，但是却无法给消费者对这种商品的信任度。

2. 色彩设计营销对消费者的影响

色彩营销对消费者的影响主要可以分为两个方面：一方面是对消费者的心理影响，另一方面是对消费者购买行为的影响。

（1）色彩设计营销影响消费心理

如果把色彩对消费者的心理影响对应到我们的设计配色上，也就是我们所说的色彩印象，那么在营销中不同的色彩会使消费者产生不同的心理。

① 红色。红色会给人快乐、能量，可以让人产生温暖、热烈、喜庆的联想。比如，可口可乐、肯德基（如图 3-23 所示）、必胜客、麦当劳等品牌。当然，这里主要说的是一个品牌给人的整体色彩印象，而不是只看品牌标志的颜色。

◎ 图 3-23　肯德基的广告

② 橙色。橙色会让人想到橙子，给人香甜、愉悦的心理感受，非常适合餐饮类品牌或儿童类品牌，当然不局限于此。比如，爱马仕橙就是爱马仕的一大品牌特点，淘宝网品牌的主色彩使用的也是橙色。

如图 3-24 所示为凯歌香槟"邮品"系列包装。参照经典的信封手提包设计，以醒目的橙黄色为主色调，使得该包装能够在第一时间抓住人们的视线。包装的边缘是棕色的，还有一条棕色的腕带，让整体包装的色调变得丰富、有层次，腕带的设计让用户在赶路的时候也可以很容易地把它带在身边。

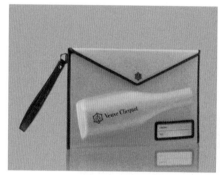

◎ 图 3-24　凯歌香槟"邮品"系列包装

③ 黄色。黄色是非常醒目的颜色，给人一种开放、明快的心理感受，具有年轻、时尚等属性。说到黄色，我们会想到卡特彼勒，美团也确定了品牌色彩为黄色。

如图 3-25 所示为林家铺子"童年系列"黄桃罐头的包装。以回忆童年为噱头，"一口回到小时候"的产品概念能够引起消费者的情感共鸣，暖黄色调贴合黄桃的特性，直观地突出了产品内容。插画中的 IP 形象主要以漫画风格呈现，青蛙玩具的设计贴合童年的记忆，妙趣横生的画面内容更易吸引年轻人。

◎ 图 3-25　林家铺子"童年系列"黄桃罐头包装

④ 绿色。绿色是大自然中普遍存在的色彩，能带给人安静、舒适、田园的感觉，使人联想到健康和质朴。关于绿色的品牌印象，我们可以想到的是星巴克、雪碧、中国邮政等。

如图 3-26 所示为五常大米的包装。以墨绿色为主基调的色彩搭配让人赏心悦目，水彩晕染的背景增加了视觉美感。

◎ 图 3-26　五常大米的包装

⑤ 蓝色。蓝色给人理性和冷静的感受，可以让人联想到大自然的万里晴空、碧波海洋，通常具有科技和商务的属性。关于蓝色的品牌

印象，我们可以想到的是百事可乐、惠普、Tiffany（蒂芙尼）等。

如图 3-27 所示为 Kindle X 新世相广告。广告画面运用唯美的深蓝色，打造了一种神秘而浪漫的氛围。文案引用文学内容，给人以启迪和思考。

◎ 图 3-27　Kindle X 新世相广告

⑥ 紫色。紫色给人带来的情感是高贵与优雅，还带有神秘和幻想，虽然在时尚界或者品牌包装上经常能见到紫色，但是在整体上给人以紫色印象的品牌真的很少。如图 3-28 所示为紫色包装的产品。

◎ 图 3-28　紫色包装的产品

（2）色彩设计营销影响购买行为

色彩对消费者购买行为的影响体现在色彩追求、色彩兴趣、色彩惊讶及色彩愤怒4个方面。

① 色彩追求。每年都会出现各种流行色或年度色，如潘通流行色，当这种具有权威性的流行色发布后，大众就会追求流行色，可以理解为一种追随潮流的购买行为。

② 色彩兴趣。消费者如果对色彩产生了好奇或兴趣，就能激发他的购买热情和欲望，从而产生购买行为。有人因为喜欢RIO鸡尾酒外包装的各种颜色而把它买回了家，但可能并没有很想喝这个酒。

③ 色彩惊讶。色彩惊讶也是对色彩产生了兴趣，但与色彩兴趣不同的地方在于，色彩惊讶是人们对于平时很少见的色彩产生兴趣，并迅速地调整购买行为，果断购买。

④ 色彩愤怒。色彩愤怒是当消费者认为某种商品的色彩是不祥的、忌讳的时候，就会产生厌恶甚至反感的情绪，当然也就不会产生购买行为。

3.7.2　进行有效色彩设计营销的7个要点

进行有效色彩设计营销的7个要点，如图3-29所示。

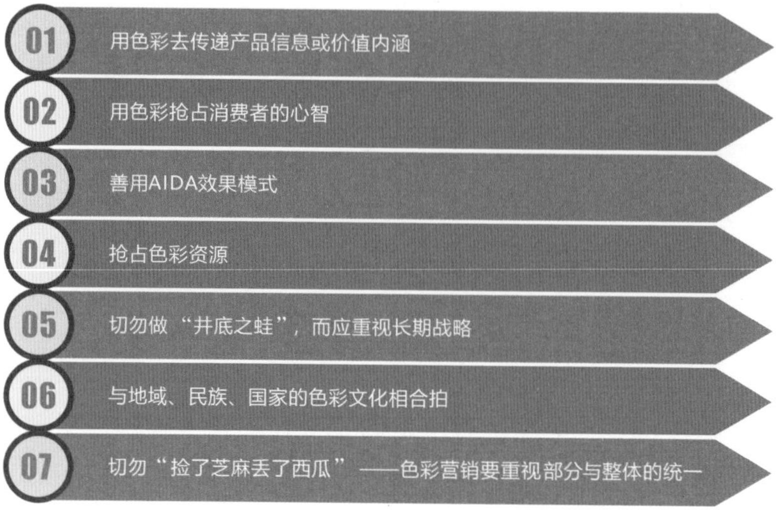

01	用色彩去传递产品信息或价值内涵
02	用色彩抢占消费者的心智
03	善用AIDA效果模式
04	抢占色彩资源
05	切勿做"井底之蛙"，而应重视长期战略
06	与地域、民族、国家的色彩文化相合拍
07	切勿"捡了芝麻丢了西瓜"——色彩营销要重视部分与整体的统一

◎ 图 3-29　进行有效色彩设计营销的 7 个要点

1. 用色彩去传递产品信息或价值内涵

想要进行有效的色彩营销，首先要做的就是用色彩去传递产品信息或价值内涵。因为色彩心理的存在，所以色彩本身对消费者具有很强的暗示功能，也就是说，色彩具有潜在的传播能力，其落实到设计中就逐渐形成了一些色彩使用的规则。所以我们在进行设计配色的时候，为了配合产品的色彩营销，就需要考虑商品的行业属性。

当然，对于一类产品中不同的产品，通常可以用不同的色彩来形成系列包装，比如，农夫山泉品牌的维他命水，就用不同的色彩来体现不同的口味，这种配色形式在包装领域非常常见，如图 3-30 所示。

◎ 图 3-30　农夫山泉品牌的维他命水

2. 用色彩抢占消费者的心智

在前文中讲过 7 秒定律，7 秒定律是指消费者会在 7 秒内决定是否有购买商品的意愿，而色彩在其中起到了主导作用。所以，在产品的色彩设计方面，首要目的就是要在第一时间吸引人们的注意。研究表明，一位消费者扫视超市货架上商品的时间为 0.03 秒，商品的包装色彩要有足够的视觉魅力才能抓住消费者的眼睛、才能让消费者产生购买的欲望，并且让消费者用最快的速度识别和认知你的产品。

世界上第一家星巴克位于美国华盛顿州西雅图市。曾经有一家咖啡店处于闹市区，服务优质，咖啡的味道也很纯正，但生意一直不好。后来老板对咖啡店内装饰稍加改动，把店门和墙壁涂成绿色，并在店内进行了一些色彩区隔，结果消费者大增。后来究其原因，是因为恬静的绿色属于冷色调，具有镇静作用，路过的人看到后都想进来喝一杯咖啡，休息一下，这家咖啡馆就是今天遍布全球的星巴克（见图 3-31）。星巴克的成功在于它并没有使用我们对咖啡店固有的印象色彩，而是大胆地使用了和咖啡本身并没有什么联系的绿色，这就让它在众多咖啡店中脱颖而出。

◎ 图 3-31　星巴克绿

3. 善用 AIDA 效果模式

利用色彩为消费者提供购买理由也是值得注意的一点，有一种推销模式，叫作 AIDA 效果模式，也就是注意、兴趣、愿望和行动。注意是兴趣的前提，而兴趣往往可以产生某种愿望和行动。色彩是让人们产生兴趣的一个重要的因素，其能够通过一系列心理反应，促使消费者产生购买欲望，无论消费者最后是否真的发生了购买行为，这种影响都会给消费者留下深刻的印象，形成对品牌的记忆和联想，之后很容易识别这种产品或这个品牌，色彩在这个过程中就为消费者提供了购买的理由。

法国色彩大师朗科罗先生曾说过："在不增加成本的基础上，通过改变颜色的设计，可以给产品带来 15% ～ 30% 的附加值。"

比如，电解质饮料品牌宝矿力水特，它的包装是蓝色的，如图 3-32 所示。虽然很多饮品包装也爱用蓝色，但是像宝矿力水特如此成功运用色彩的很少，因为它的产品是电解质补充饮料，不夹杂类似其他品牌的多口味等噱头，而蓝色正好能够体现出天然、健康的感觉，与品牌的定位吻合，又给足了消费者购买的理由，所以才能取得成功。事实证明，如果在产品的包装设计上把色彩运用好，一定会收到良好的效果。

◎ 图 3-32　宝矿力水特饮品

4. 抢占色彩资源

较难做的一点就是抢占色彩资源，色彩有帮助消费者辨别、区隔品牌的功能。能否使品牌或产品的形象通过色彩让消费者接受并记住，决定了品牌或产品的成功与否。作为消费者，第一次接触一件商品时，对商品是无意识关注的，但是当消费者再次购买这一商品时，就会对它的包装色彩产生有意识的关注。所以，产品的色彩一定要设计出自身的特色，这样便于消费者对产品色彩的视觉识别和记忆，在消费者下次购买同类产品时，就会想到这个品牌的产品，这就是所谓的抢占色彩资源。

比如，回顾可口可乐这么多年的发展史，不难看出，虽然可口可乐的包装、图案、广告语都不断变化，但是它的主打色——红色却一直没变，红色是可口可乐品牌永葆朝气的象征，也占有了红色在同类产品中的资源，如图 3-33 和图 3-34 所示。

◎ 图 3-33　可口可乐的平面广告

◎ 图 3-34　可口可乐的包装设计

> 企业应把色彩营销战略作为企业的长期战略，这样才能在激烈的市场竞争中，较快地获取目标市场消费者的色彩偏好，从而更好地抓住目标消费者的消费心理，适时推出迎合消费者色彩需求的产品。

5. 切勿做"井底之蛙"，而应重视长期战略

企业对目标消费者进行了有效的色彩偏好分析，将色彩与产品搭配后，一上市就会获得了巨大的市场效应，在短期内，这样的企业产品获得了消费者的认可，产品销售给企业带来了很大的经济效益。但是，企业短期色彩营销的成功，不能带来长期销售的高峰，因而，企业应成立色彩研究与开发小组，把色彩营销战略作为企业的长期战略。只有这样，企业才能在激烈的市场竞争中，较快地获取目标市场消费者的色彩偏好，从而更好地抓住目标消费者的消费心理，适时推出迎合消费者色彩需求的产品。

6. 与地域、民族、国家的色彩文化相合拍

作为出口性质的企业，一旦没有正确地认识到消费地域、民族、国家的色彩文化差异，不仅不能打开消费方的所属市场，而且还会间接地给企业带来很大的风险和损失，更有甚者，还会造成民族冲突。如果在经济方面没有重视文化差异，那么将会引起政治上的冲突。

当代是一个高度国际化的时代，品牌国际化与消费国际化同步。在这样的背景下，一些品牌追求的是在不同的国家"本土化"，而另一些品牌则信奉"民族的，就是世界的"，并以独特而鲜明的"本土"思想和审美风格风行全球。

还有一种把国家和民族特有的色彩运用到产品设计中的方式，更加强化了品牌原产地的概念。由于社会文化和生活习惯不同，各个国家的消费者对产品色彩的喜好和选择也有很多差别。中国人对红色有特殊的感觉，而在英国和美国，金色和黄色分别象征着名誉和忠诚，

因此金色和黄色是英国和美国的男士们喜欢的色彩，美国的黄色出租汽车较受欢迎。但在日本，黄色表示未成熟，也有病态或不健康的含义，因此黄色是日本男士的忌讳之色。

例如，在日本市场上，曾经有两种品牌的威士忌酒进行过明争暗斗的较量，一种是日本产的陈年威士忌，如图3-35所示，另一种是美国产的威士忌，如图3-36所示。陈年威士忌在日本一直销售很旺，其外观色彩设计以黑色为主；而美国威士忌在美国、英国、苏格兰的销量高居榜首，其包装色彩设计以黄色为主。然而当这两种品牌的威士忌同在日本市场上销售时，日本本土的威士忌大获全胜。经过调查发现，原因出在它们的外包装色彩设计上。在日本，黑色最能体现其国民的男性气概。陈年威士忌的外包装色彩设计，很巧妙地利用了日本化的包装色彩设计风格，因而赢得了日本消费者的喜爱。而因为黄色不受日本男士的青睐，所以在日本几乎看不到以黄色为主的包装色彩设计。因此，以黄色为主的包装色彩设计的美国威士忌在日本受到了冷遇。

◎ 图3-35　日本三得利威士忌　　　◎ 图3-36　美国Rebel Yell威士忌

7．切勿"捡了芝麻丢了西瓜"——色彩营销要重视部分与整体的统一

色彩营销对企业来说，主要包括产品及其包装设计、产品陈列设计、企业品牌宣传、广告宣传。这些既是色彩营销的重要内容，也是

企业应用色彩营销的重要步骤。在面料行业，色彩营销已经进入面料企业的市场营销环节，成为市场营销的重要手段。

3.7.3　色彩设计营销的应用

1．企业形象的色彩策略

你有没有想过，为什么蒂芙尼的蓝绿色能成为广泛传播的品牌标志？为什么爱马仕和路易威登等品牌的大多数外包装的色彩设计选择了橙色？事实上，这都是因为品牌利用色彩所产生的营销效果。萨塞克斯大学曾经做过一项关于色彩选择的调查，研究对象涉及 100 多个国家的 26596 名参与者，得出的结论告诉我们，橙色往往能给予大众幸福感，而蓝绿色竟是最受欢迎的颜色。

由此可以看出，一些经久不衰的品牌对于品牌包装色彩的选择往往都不是偶然的，而是充满了各种营销"小心机"的。

企业形象策划是企业经营理念（MI）、行为活动规范（BI）和视觉传达设计（VI）三位一体的综合体，是企业的整体经营战略。有时一种色彩就代表一个企业的形象，由于很多企业的目标用户主要针对年轻的消费群体，因此代表活跃的红色和代表明快的白色便成了企业的标准色。同时，企业形象策划要结合企业自身的文化特征，在长期的发展中，企业与企业之间在产品性质、行业地位、公司目标、领导人风格，以及企业管理体制等各方面存在差异，因而所形成的组织文化各有特色，所以企业标准色的选择要与企业独特的文化特征相吻合。

如图 3-37 所示，2019 年 8 月，上海证券交易所上市的信托公司——安信信托股份有限公司（以下简称安信信托），发布了全新的品牌标志。除品牌标志字体上的更新外，其品牌标志色也进行了精心设计。安信信托的设计团队历时半年，从近 100 种蓝色调配方案中遴选出安信信托的品牌包装色彩，其源于国际克莱因蓝。国际克莱因蓝风靡设计界、时尚界 60 余年，开拓了一个全新的"感觉空间"，被誉为"纯粹之蓝""理想之蓝""绝对之蓝"。安信信托的品牌色彩在国际克莱因蓝的基础上进行了细致而独到的调整，更具亲和力，传达出安信信托值得信赖的品牌价值。

新的色彩及品牌形象体系代表着信任、本源与相互支撑，这种色彩也是对安信信托品牌主张"IN ANXIN WE TRUST/ 信任从这里开始"的最佳阐释。

◎ 图 3-37　安信信托新旧标志对比（右为新标志）

2．产品及包装设计的色彩营销

色彩的选配要与产品本身的功能、使用范围、目标受众的色彩爱好相适应。因而对产品进行科学的色彩包装设计可以促进产品的销售量，因为适当的色彩包装能加强消费者对商品美感的良好认同，乃至产生强烈的消费需求。实践证明，化妆品宜用米色、石绿、海水蓝、乳白、粉红色等中间色的包装设计，从而产生高雅富丽、质量上乘的美感效果；食品一般宜采用红、黄、橙色的包装设计，以显示其色香、味美、加工精细；药品则宜采用代表干净、卫生、疗效可靠的白色包装设计。

设计师迪特·拉姆斯曾说过，一流的设计理念是"少，却更好"。

他提倡设计实用、细致、坚固的产品，并强调其可持续性，他认为，只有这样的产品才能成为经典。华为 WATCH GT2 在表盘设计上承袭了其上一代"全屏无边界"的设计思路，匠心独运地采用宝石加工工艺来打造表盘上面这块一体化的 3D 曲面玻璃，平视屏幕时，我们能看到柔美的边缘弧线，而双手抚摸屏幕时，又能感受到玉石般的晶莹触感，如图 3-38 所示。同时，为了营造出大气刚毅的运动气息，46 毫米表盘的斜面还采用了凹雕时刻字符工艺，纤巧考究，呈现出错落有致的立体感。再将一块正圆形大尺寸的 AMOLED 屏幕嵌入其中，当抬腕的那一刻，用户会体会到"静如处子、动如脱兔"的设计之美，可谓"动静皆宜"。在表带的颜色、材质和设计上，GT2 时尚版选择上乘的真皮材质制成表带，摸上去手感顺滑，看上去尽显高贵。而 GT2 运动款手表延续了氟橡胶的表带材质，同样是经典的黑、橙双色设计，不仅看上去充满活力，而且表带更亲肤、耐磨、抗划、防水，实现了美感和实用性的共存。

◎ 图 3-38　华为 WATCH GT2

3. 广告的色彩营销

据不完全统计，消费者平均每天所接触的广告至少为 100 条以上，而最终能够被消费者记住并产生购买决策的广告微乎其微。国外色彩研究的权威人士法伯·比兰曾精辟地指出，好的广告往往不在于使用了多少色彩，关键在于色彩运用得是否恰当，因此在广告设计中选择色彩时，既要根据目标市场的色彩需求及偏好特征，又要结合企业的文化、产品的特色，以及与环境相协调，形成企业独特的广告宣传效应。

如图 3-39 所示为麦当劳 100% 麦香鱼汉堡的广告。设计师巧妙地利用品牌标志图案与色彩形成鱼鳞形，这样一方面加强了品牌标志的印记，另一方面充分表达了产品 100% 的真材实料。能有效地激发观看者的兴趣、提起食欲，从而达到广告宣传的目的。

◎ 图 3-39　麦当劳 100% 麦香鱼汉堡的广告

如图 3-40 所示为华为荣耀的宣传海报，其运用大块面高明度色彩，给人强烈的视觉冲击感。文案用拟人化的表现手法，展示了产品强悍的功能。

◎ 图 3-40　华为荣耀的宣传海报

3.8　产品营销方案的 3 个设计要点

好的产品需要好的营销思路，一个优秀的营销方案可以大大地提升产品的传播范围和知名度。在营销过程中，我们可以采用如图 3-41 所示的 3 个设计要点。

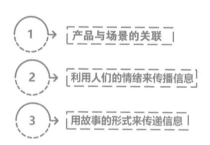

◎ 图 3-41　产品营销方案的 3 个设计要点

3.8.1　产品与场景的关联

人类的大脑有一个特点，就是当看到一个事物时，在脑海中容易出现另一个与之相关的事物，这种引起关联思维的因素被称为诱因。因此在营销方案的设计中，要把产品与生活中经常出现的诱因关联起来，这样可以提高产品被提及的频率，使产品更容易被人们讨论和传播。

美国奇巧巧克力为了提高市场占有率，推出了这样一则广告：一个人拿着咖啡去找奇巧巧克力，另一个人则拿着奇巧巧克力去找咖啡。因为"喝咖啡"在美国人的生活中属于高频事件，而每次播放广告，都在强化奇巧与咖啡的关系。广告推出后，奇巧公司在一年后的销售额增加了30%，品牌价值从3亿美元飙升到5亿美元。

3.8.2　利用人们的情绪来传播信息

用文字来唤醒读者的情绪，是营销中常用的经典技巧。加拿大歌手戴夫·卡罗尔在一次乘坐美联航的过程中，发现自己价值3500美元的吉他被摔得粉碎。他花了9个月的时间与美联航谈判，希望得到解决，但都没有得到满意的答复。于是戴夫·卡罗尔写了一首歌曲，歌曲的名字叫《美航毁了我的吉他》，他把自己的愤怒情绪通过音乐表达了出来。这首歌在上传到YouTube后，不到4天就被点击超过130万次，而美联航的股价在这4天里跌了10%，直接损失高达1.8亿美元。这就是愤怒的情绪在传播中的力量。

因此，在设计营销文案时，可以适当加入一些对人们的行为有高度唤醒作用的情绪因素，比如，愤怒、敬畏、幽默、紧张等。这样的广告很有看点，大家看完后，当然也更愿意去传播和分享。

3.8.3 用故事的形式来传递信息

相比直白的信息，我们的大脑更容易记住一个跌宕起伏的故事，所以人们更愿意听故事。做营销的最好方式是把营销内容整合在一个故事中，通过故事来传播我们想要表达的内容。

跨国快餐连锁店——赛百味，最初的广告只是陈述赛百味的特点，如广告中的"赛百味有 7 款低于 6 克脂肪含量的三明治供你选择"之类的描述，这则广告不仅没有人推广而且还很容易被人们遗忘。后来，赛百味用了一个征集的故事来宣传，故事的题目叫"小伙子因为吃赛百味三明治瘦了 245 磅"，相信不管是想减肥的人还是不需要减肥的人，都会对这个故事感兴趣。

故事能够提供心理上的包装设计，它不像广告推销那样使人感到厌烦，反而会让大家非常乐于接受。当然，我们在设计故事的时候，应该时刻提醒自己，故事的目的是传播产品信息，所以产品的信息一定要与故事紧密结合，要防止在传播过程中产品信息的遗失。

因此要想做出被大家疯传效果的营销方案，作者认为应在产品设计和产品营销的过程中融入 6 种元素，分别是"社交货币""公共性""实用价值""诱因""情绪""故事"。在营销的过程中，产品和营销方案只要切合这 6 种元素，并打出一套组合拳，就会产生预期的效果。

3.9 产品设计案例

3.9.1 黑胶唱片播放设备概念设计——oTon

oTon 是一款极具未来主义风格的黑胶唱片播放设备，其专门为狂热的设计爱好者和音乐发烧友设计。其设计者路易斯·伯杰希望这款设计突破一般黑胶唱片机的外观造型和机械结构，在视觉和听觉上成为居室环境中的焦点。

1. 功能

oTon 更像一款黑胶唱片读取设备，因为它并没有配备内置扬声器。音乐的播放需要 oTon 通过蓝牙与附近任何一个扬声器或耳机连接后才能实现。这样的设计可以让音乐更加灵活地播放。

oTon 的另一个功能是对黑胶唱片进行音频翻录。其目的是让音乐发烧友将他们喜爱的曲目数字化并将这些曲目导入手机中，以便他们可以随时随地地收听音乐。同时，oTon 还能把黑胶唱片中的曲目备份，把它们永久珍存下来。

2. 造型

oTon 的造型为半圆形和长方形的组合形态，其打破了黑胶唱片机的传统造型，如图 3-42 所示。其两端的半圆形与黑胶唱片的圆形相呼应，使设备与唱片融为一体。竖长、轻巧的造型能减少占地面积，以便为居室节省更多的空间。同时，它采用微微向后倾斜的角度设计，符合人们的视线角度和使用习惯。

◎ 图 3-42 oTon 的造型设计

3. 操作

oTon 的操作十分简单。当用户将黑胶唱片插入 oTon 顶部的凹槽中时，内置的线状追踪唱针会自动启动设备。通过集成的光学感应器，数字唱针会识别或跳过音频轨道，以实现曲目的播放或跳转。用户可以通过与之匹配的 App 对 oTon 进行控制，例如，设备的配对、曲目的播放或翻录、音量的调节等，如图 3-43 所示。

◎ 图 3-43　oTon 的操作设计

4. 色彩

oTon 拥有独特的透明设计。其外部采用浅灰色、光亮的透明外壳，可以清晰地显示出黑胶唱片的封面及设备的机械结构，如图 3-44 所示。不仅能够让充满艺术气息的唱片封面一目了然，还凸显出这款设备的机械感与未来感。其内部的核心零件则由深灰色磨砂的半透明外壳及银灰色哑光的不透明外壳包裹，那些细小的零件隐藏其中，使这款设备看起来简洁大方，同时也为这款设备的内部结构增添了层次感。

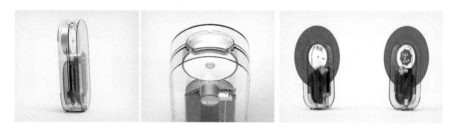

◎ 图 3-44　oTon 的色彩设计

3.9.2　起亚电动跨界概念车——HabaNiro

在 2019 年亚洲消费电子展上，起亚汽车以 Emotive Driving City（情感驾驭之城）作为参展理念，公布了全新紧凑型跨界概念车——HabaNiro，以及其搭载的两项核心技术——实时情感识别系统（R.E.A.D.S）和共享系统（TOSS）。这款车不仅拥有前卫的外观和夺目的色彩，还配备了先进的技术，让人们充分了解到起亚对未来出行方式的美好愿景和前瞻理念。

起亚汽车在新技术、新产品的研发过程中，始终强调品牌的创新精神并关注用户的情感诉求，未来的智慧出行技术会随着科技的发展更加贴近人类的需求。

1. 外观

HabaNiro 的设计灵感源于不同金属的灰色相互碰撞之后产生的效果。整个车身的线条平滑流畅，造型前卫大胆，富有未来感和科技感，如图 3-45 所示。车头部分并没有延续起亚家族式的传统设计，而是采用类似于鲨鱼头部的形态。贯穿式的折线形 LED 灯组设计如同鲨鱼锋利的牙齿，被起亚称之为"心跳脉冲"。传统后视镜的设计被取消，以此来显示平滑流畅的设计风格。驾驶者可以通过车内 180 度的车尾镜头显示屏了解车辆后侧的路况信息。车门采用夺人眼球的"蝴蝶式"结构设计，将车辆前卫大胆的特质呈现得淋漓尽致。C 柱面板的熔岩红色延伸至车顶，与金属灰色的车身形成强烈的视觉对比，奠定了车辆的主题色调。

◎ 图 3-45　HabaNiro 的外观设计

2．内饰

HabaNiro 的内饰采用与 C 柱面板、轮毂相同的熔岩红色，与外观颜色和谐统一，从而形成了强烈的色彩语言，如图 3-46 所示。大面积的红色浓烈而炽热，赋予车辆充满激情与活力的个性特征。小面积的黑色穿插在红色之间，对空间结构和功能区域做出明确的划分，勾勒出车内空间的层次感。座椅采用了环抱式设计，能够完全贴合驾乘者的身体曲线，提供舒适、安全的乘坐体验。中控面板由一块显示面积横跨整个操作台的平视显示器构成，取代了传统的显示屏幕和按键。这块具有颠覆性的交互式触摸屏可以实现对实时情感识别系统和共享系统的操作。

◎ 图 3-46　HabaNiro 的内饰设计

3. 空间

HabaNiro 的车身长 4.43 米、宽 1.95 米、高 1.60 米，轴距为 2.83 米。尽管它被定义为紧凑式车型，但是具有宽敞、舒适的内部空间，如图 3-47 所示。宽大的"蝴蝶式"车门便于驾乘人进出，同时在视觉效果上营造出明亮、宽阔的车内空间。

◎ 图 3-47　HabaNiro 的空间设计

4. 性能

HabaNiro 作为一款跨界电动车，能适应城市出行或户外越野的双重需求。HabaNiro 采用双电机全轮驱动，保证了车辆的强劲动力。这样的设计一方面缩短了加速时间，另一方面延长了续航里程。其纯电动行驶里程超过 300 英里（约 482 千米）。同时，它具备 L5 自动驾驶能力，可完全替代驾驶员。

5. 系统

HabaNiro 搭载了起亚面向未来汽车生活而打造的全新技术——实时情感识别系统。该系统由起亚与麻省理工学院媒体研究室的情感计算小组合作研发而成。通过人工智能的生物信号识别技术，它能够监测驾驶者的面部表情和心率，并以此感知他们的心情。同时，此系统可以针对驾驶者的不同情绪，自动调整车内的温度、音乐、灯光、香味、座椅震动方式或车辆驾驶模式，从而打造个性化、人性化的车内环境，为驾驶者提供更愉悦的驾驶体验。此外，HabaNiro 还装有一个共享系统，能够让驾驶者通过中控显示器选择或调整车辆的各种模式。

3.9.3　上海吱音相随沙发

上海吱音创建于 2013 年，是一家年轻的、有高级趣味的家居品牌。2019 年，上海吱音推出五款黑标设计重磅新品，包括相随沙发等。黑标设计是吱音旗下最具前瞻性的设计，贴合中国人当下真实的生活。其在造型、色彩、功能、使用情境、材料与工艺等不同维度实现了创新。

1. 造型

相随沙发在造型上区别于普通的舒适沙发，剔除所有冗余的部分，用一根柔软的线连接把手和椅背，如图 3-48 所示。整体外观融入并隐藏机械结构，仅保留符合人机工程学的贴身曲线，继承了 20

世纪 80 年代沙发的优美线条轮廓，使得沙发造型更加优雅、复古，很好地实现了功能与美感的并存。

◎ 图 3-48　相随沙发的造型设计

2. 色彩

在色彩方面，相随沙发有珊瑚橘色和黑色两种颜色供购买者选择，如图 3-49 所示。珊瑚橘色亮丽却不张扬，给人温和的感觉，能够令人们郁闷的心情得到纾解；在简约的家居环境中，以适当的珊瑚橘色点缀，会使高级感和温暖气息并存；珊瑚橘色搭配墨绿色的家居环境，显得稳重又克制，同时不失优雅、复古。黑色作为一种高雅、时尚、极具包容性、暗藏多种情感的颜色，使相随沙发透露出一种沉稳、高贵的气质，但又不失时尚和简约的风格。

◎ 图 3-49　相随沙发的色彩设计

3. 功能

相随沙发是对功能型家具进行了再设计并注入了新的趣味。作为一款功能型沙发，设计师用一根线条串联靠背和扶手，使沙发无论是在后靠状态还是在收起时都可以连成一体，如图 3-50 所示。相随沙发展开后，坐深 94 厘米，全长 150 厘米，可以很好地满足使用者由坐到躺的需求，是一张既舒适又好看的单人沙发。

◎ 图 3-50　相随沙发的功能设计

4. 使用情境

在相随沙发扶手和靠背的连接处，巧妙地使用了柔软的材质，沙发可以随着身体的依靠，以靠背的上升、下降呈现出不同的形态，将沙发在不同使用情境中的动势生动地表现出来，如图 3-51 所示。

◎ 图 3-51　相随沙发的使用示意图

5. 材料与工艺

相随沙发的外部轮廓与扶手采用进口超纤软包，触感温暖、耐磨；与使用者身体接触的沙发表面选用三防沙发面料，耐久舒适、不易起球。相随沙发的内部填充了多层高回弹海绵，不易塌陷；内部的碳钢骨架结构来自世界 500 强的专业功能沙发五金品牌——美国

Leggett&Platt，承重可达 158 千克，如图 3-52 所示。其辅材选用 E0 级实木多层板，不易开裂变形，安全环保。正是设计师在材质上的认真考量，打造出了这张舒适耐用的沙发。

跟传统沙发相比，相随沙发在生产工艺上省略了费时、费工的固定弹簧、铺棕垫的工序。外部框架将金属铁进行弯曲处理后，涂了具有环保性的水性漆。

◎ 图 3-52　相随沙发的材料与工艺设计

3.10　产品生命周期管理

3.10.1　产品生命周期的 4 个阶段

典型的产品生命周期一般可以分成 4 个阶段，即引进期、成长期、成熟期和衰退期。

1. 引进期

引进期是指产品从设计、投产直到投入市场，进入测试阶段。新产品投入市场后，便进入了引进期。此时产品的品种少，消费者对产品还不了解，除少数追求新奇的消费者外，几乎无人购买该产品。生产者为了扩大销路，不得不投入大量的促销费用，对该产品进行宣传推广。由于该阶段生产技术方面的限制，产品生产批量小、制造成本高、广告费用大、产品销售价格偏高，销售量极为有限，企业通常不能获利，反而可能亏损。

2. 成长期

当产品进入引进期，销售取得成功之后，便进入了成长期。产品的成长期是指产品通过试销，效果良好，购买者逐渐接受该产品，产品在市场上站住脚并且打开了销路。这是需求增长阶段，在这个阶段，产品的需求量和销售额迅速上升。生产成本大幅度下降，利润迅速增长。与此同时，竞争者看到有利可图，将纷纷进入市场，参与竞争，使同类产品供给量增加，价格随之下降，企业利润的增长速度逐步减慢，最后达到生命周期利润的最高点。

3. 成熟期

成熟期是指产品进入大批量生产并稳定地进入市场销售，经过成长期之后，随着购买产品的人数增多，市场需求趋于饱和。此时，产品普及并日趋标准化，产品的成本低、产量大。销售增长速度缓慢直至下降，由于竞争的加剧，导致同类产品的生产企业之间不得不加大在产品质量、规格、包装服务等方面的投入，这样就在一定程度上增加了成本。

4．衰退期

衰退期是指产品进入了淘汰阶段。随着科技的发展及消费习惯的改变，产品的销售量和利润持续下降，产品在市场上已经老化，不能适应市场的需求，市场上已经有其他性能更好、价格更低的新产品，来满足消费者的需求。此时产品生产成本较高的企业就会由于无利可图而陆续停止生产，该类产品的生命周期就基本结束了，以致最后完全撤出市场。

产品生命周期是一个很重要的概念，它与企业制定的产品策略及营销策略有直接的联系。管理者要想使他的产品有一个较长的销售周期，以赚取足够的利润来补偿在推出该产品时所做出的一切努力和经受的一切风险，就必须认真地研究和运用产品生命周期理论。此外，产品生命周期也是营销人员用来描述产品和市场运作方法的有力工具。但是，在开发市场营销战略的过程中，产品生命周期的应用却显得有点力不从心，因为市场营销战略既是产品生命周期的原因，同时又是其结果，产品现状可以使人想到较好的营销战略，同时，在预测产品性能时，产品生命周期的运用也会受到限制。

3.10.2　产品生命周期曲线

产品生命周期曲线的特点如图 3-53 所示。

在产品开发期间，该产品的销售额为零，公司投资不断增加。在引进期，产品销售缓慢，在销售初期通常利润偏低或为负数；在成长期，产品销售快速增长，销售利润显著增加；在成熟期，产品销售利润在达到顶点后逐渐走下坡路。在衰退期，产品销售量显著衰退，销售利润大幅度下滑。

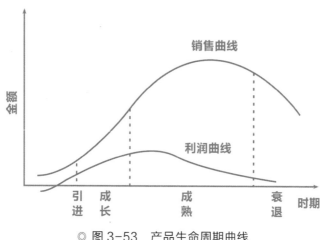

◎ 图 3-53　产品生命周期曲线

在产品生命周期的不同阶段中，销售量、利润、购买者、市场竞争等都有不同的特征，这些特征可用表 3-2 概括。

表 3-2　产品生命周期不同阶段的特征

	引进期	成长期	成熟期		衰退期
			前期	后期	
销售量	低	快速增大	继续增长	有降低趋势	下降
利润	微小或负	大	高峰	逐渐下降	低或负
购买者	爱好新奇者	较多	大众	大众	后随者
竞争	甚微	兴起	增加	甚多	减少

如图 3-53 所示的产品生命周期曲线只适用于一般产品生命周期的描述，不适用于风格型、时尚型、热潮型和扇贝型产品生命周期的描述。这 4 种特殊类型的产品生命周期，其曲线并非通常的 S 形。

1. 风格型产品生命周期

风格是一种在人类生活中基本存在的特点突出的表现方式。风格一旦形成，就可能延续数代。根据人们对风格的兴趣呈现出一种循环再循环的模式，时而流行，时而不流行。

2. 时尚型产品生命周期

时尚是指在某一领域里，目前为大家所接受且受欢迎的风格。时尚型产品生命周期的特点是，刚上市时很少有人接纳（称之为独特阶段），但随着接纳产品的人数慢慢增长（模仿阶段），会被大众接受（大量流行阶段），最后缓慢衰退（衰退阶段），消费者开始将注意力转向另一种更吸引他们的时尚类型。

3. 热潮型产品生命周期

热潮是一种来势汹汹且很快吸引大众注意的时尚，俗称时髦。热潮型产品的生命周期往往成长得快也衰退得快，主要是因为热潮型产品只满足人类一时的好奇心或需求，它所吸引的只限于少数寻求刺激、标新立异的人，通常无法满足人们更强烈的需求。

4. 扇贝型产品生命周期

扇贝型产品生命周期主要是指产品生命周期不断地延伸，再延伸，这往往是因为产品创新或不时地被发现有新的用途。

以上 4 种特殊类型的产品生命周期曲线如图 3-54 所示。

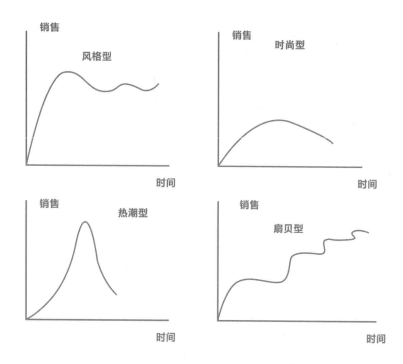

◎ 图 3-54　特殊类型的产品生命周期曲线

3.10.3　产品生命周期的营销战略

1. 引进期的营销战略

产品的引进期一般是指从新产品试制成功到进入市场试销的阶段。在产品的引进期，由于消费者对产品十分陌生，企业必须通过各种促销手段把产品引入市场，力争提高产品的市场知名度；另一方面，产品在引进期的生产成本和销售成本相对较高，企业在给新产品定价时不得不考虑这个因素，所以，在产品的引进期，企业营销的重点主要集中在产品的促销和价格方面。一般有4种可供选择的市场策略。

高价快速策略：采取高价格的同时，配合大量的宣传推销活动，把新产品推入市场。其目的在于先声夺人，抢先占领市场，并希望在竞争还没有大量出现之前就能收回成本，获得利润。

选择渗透策略：采用高价格的同时，只用很少的促销努力。高价格的目的在于及时收回投资，获取利润；低促销的方法可以减少销售成本。

（1）高价快速策略

高价快速策略的形式是，采取高价格的同时，配合大量的宣传推销活动，把新产品推入市场。其目的在于先声夺人，抢先占领市场，并希望在竞争还没有大量出现之前就能收回成本，获取利润。适合采用这种策略的市场环境如图 3-55 所示。

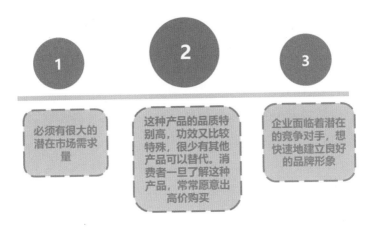

◎ 图 3-55 适合采用高价快速策略的市场环境

（2）选择渗透策略

选择渗透策略的特点是，采用高价格的同时，只用很少的促销努力。高价格的目的在于及时收回投资，获取利润；低促销的方法可以减少销售成本。这种策略主要适用于如图 3-56 所示的市场环境。

低价快速策略：在采用低价格的同时做出很大的促销努力。其特点是可以使产品迅速进入市场，有效地限制竞争对手的出现，为企业带来很大的市场占有率。

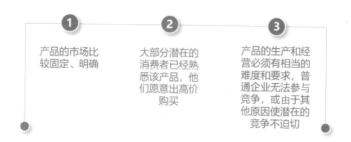

① 产品的市场比较固定、明确

② 大部分潜在的消费者已经熟悉该产品，他们愿意出高价购买

③ 产品的生产和经营必须有相当的难度和要求，普通企业无法参与竞争，或由于其他原因使潜在的竞争不迫切

◎ 图 3-56　适合采用选择渗透策略的市场环境

（3）低价快速策略

低价快速策略的方法是，在采用低价格的同时做出很大的促销努力。其特点是可以使产品迅速进入市场，有效地限制竞争对手的出现，为企业带来很大的市场占有率。该策略的适应性广泛，适合该策略的市场环境如图 3-57 所示。

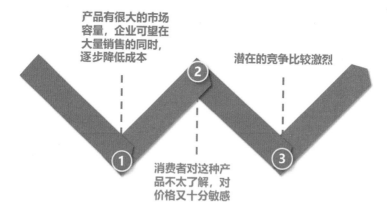

② 产品有很大的市场容量，企业可望在大量销售的同时，逐步降低成本

潜在的竞争比较激烈

① 消费者对这种产品不太了解，对价格又十分敏感

◎ 图 3-57　适合采用低价快速策略的市场环境

缓慢渗透策略：在新产品进入市场时采取低价格，同时不做大的促销努力。低价格有助于市场快速地接受商品，低促销又能使企业减少费用开支、降低成本，以弥补低价格造成的低利润或亏损。

（4）缓慢渗透策略

缓慢渗透策略的方法是，在新产品进入市场时采取低价格，同时不做大的促销努力。低价格有助于市场快速地接受商品，低促销又能使企业减少费用开支、降低成本，以弥补低价格造成的低利润或亏损。适合这种策略的市场环境如图 3-58 所示。

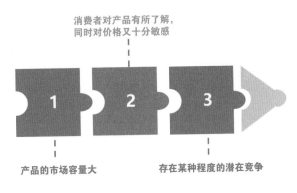

◎ 图 3-58　适合采用缓慢渗透策略的市场环境

2. 成长期的营销战略

产品的成长期是指新产品试销成功以后，转入产品成批生产和扩大市场销售额的阶段。在产品进入成长期以后，越来越多的消费者开始接受并使用产品，企业的销售额直线上升，利润增加。在此情况下，竞争对手也会纷至沓来，威胁企业的市场地位。因此，在产品的成长期，企业的营销重点应该放在保持并扩大市场份额、加速提升销售额方面。另外，企业还必须注意产品成长速度的变化，一旦发现产品的成长速度由递增变为递减时，必须适时调整营销策略。这一阶段适用的具体营销策略如表 3-3 所示。

表 3-3　产品成长期的 6 个营销策略

产品成长期的6个营销策略	
1	积极筹措和集中必要的人力、物力和财力，进行基本建设或者技术改造，以利于迅速增加或者扩大生产批量
2	改进产品的质量，增加产品的新特色，在商标、包装、款式、规格和定价方面做出改进
3	进一步开展市场细分，积极开拓新的市场，创造新的用户，以利于扩大销售
4	努力疏通并增加新的流通渠道，扩大产品的销售面
5	改变企业的促销重点。例如，在广告宣传上，从介绍产品转为树立形象，以利于进一步提高企业生产的产品在社会上的声誉
6	充分利用价格手段。在产品的成长期，虽然市场需求量较大，但在适当时，企业可以降低价格，以增加竞争力。当然，降价可能暂时减少企业的利润，但是随着市场份额的扩大，长期利润可望增加

3. 成熟期的营销战略

产品的成熟期是指产品进入大批量生产，在市场上处于竞争最激烈的阶段。通常这一阶段比前两个阶段持续的时间更长，所以大多数产品均处在该阶段，因此企业管理层也大多数是在处理成熟期的产品的问题。

在产品的成熟期，我们应该放弃弱势产品，以节省费用，开发新产品；同时，也要注意原来的产品可能还有发展潜力，有的产品由于被开发了新用途或新功能而重新进入新的生命周期。因此，企业不应该忽略或仅仅是消极地防卫产品的衰退。企业应该系统地考虑市场、产品及营销组合的修正策略。

（1）市场修正策略

市场修正策略是指企业通过努力开发新的市场，来保持和扩大自己产品的市场份额，如图 3-59 所示。

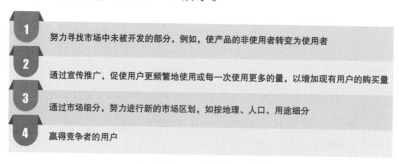

1　努力寻找市场中未被开发的部分，例如，使产品的非使用者转变为使用者

2　通过宣传推广，促使用户更频繁地使用或每一次使用更多的量，以增加现有用户的购买量

3　通过市场细分，努力进行新的市场区划，如按地理、人口、用途细分

4　赢得竞争者的用户

◎ 图 3-59　市场修正策略

（2）产品改良策略

产品改良策略是指企业可以通过产品特征的改良，来提高销售量，如图 3-60 所示。

◎ 图 3-60　产品改良策略

（3）营销组合调整策略

营销组合调整策略是指企业通过调整营销组合中的某种因素或多种因素刺激销售，如图 3-61 所示。

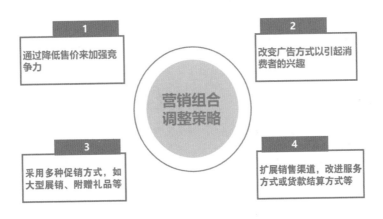

◎ 图 3-61　营销组合调整策略

4.衰退期的营销战略

衰退期是指产品逐渐老化，转入产品更新换代的时期。当产品进入衰退期时，企业不能简单地一弃了之，也不应该恋恋不舍，一味地维持原有的生产和销售规模。企业必须研究产品在市场中的真实地位，然后决定是继续经营下去，还是放弃经营。

（1）维持策略

维持策略是指企业在目标市场、价格、销售渠道、促销等方面维持现状。由于这一阶段很多企业会现行退出市场，因此，对一些有条件的企业来说，并不一定会减少销售量和利润。使用这一策略的企业可配以延长产品寿命的策略，企业延长产品生命周期的途径是多方面的，主要的途径有如图3-62所示的4种。

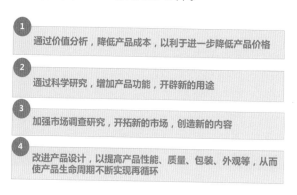

1　通过价值分析，降低产品成本，以利于进一步降低产品价格

2　通过科学研究，增加产品功能，开辟新的用途

3　加强市场调查研究，开拓新的市场，创造新的内容

4　改进产品设计，以提高产品性能、质量、包装、外观等，从而使产品生命周期不断实现再循环

◎ 图3-62　维持策略

（2）缩减策略

缩减策略是指企业仍然留在原来的目标上继续经营，但会根据市场变动的情况和行业退出障碍水平在规模上做出适当的收缩。如果把所有的营销力量集中到一个或少数几个细分市场上，加强这几个细分市场的营销力量，就可以大幅度地降低市场营销的费用，增加当前的利润。

（3）撤退利润

撤退利润是指企业决定放弃经营某种产品，从而撤出该目标市场。在撤出目标市场时，企业应该考虑如图 3-63 所示的 3 个问题。

将进入哪一个新区划，经营哪一种新产品，可以利用以前的哪些资源 **1**

2 品牌及生产设备等残余资源如何转让或出卖

保留多少零件存货和服务，以便在今后为之前的用户服务 **3**

◎ 图 3-63　在撤出目标市场时，企业应该考虑的 3 个问题

第 4 章

实现品牌价值是设计营销的终极追求

导入一个品牌是在公司中普及设计营销有效的方法之一。如果品牌被很好地发展并令人信服，它会在消费者中形成品牌忠诚并获得回报。设计营销是取得一致性的关键，它将不同的功能、产品及服务信息、营销和支持性传播、员工行为及外表、公司形象及业务（无论是数字的还是现实的）结合起来。

通过品牌开发和定位形成差异化，不仅表现在图形的识别上，导入品牌是管理者把设计营销整合进公司的首要理由。设计营销职业同品牌开发一起成长，尤其是在包装设计领域。

根据美国营销协会（American Marketing Association）的定义，品牌不仅是"销售人员区别于竞争对手而对产品或服务所起的名字、术语、符号、设计或它们的组合"，还是所有产品独有的特征的总和，无论是有形的还是无形的，都是一系列在交流和体验中获得的认知总和，是独特的符号、标志和附加值的源泉。

品牌不仅是"销售人员区别于竞争对手而对产品或服务所起的名字、术语、符号、设计或它们的组合",还是所有产品独有的特征的总和,无论是有形的还是无形的,都是一系列在交流和体验中获得的认知总和,是独特的符号、标志和附加值的源泉。

4.1 品牌定位

品牌定位是指企业在市场定位和产品定位的基础上,对特定的品牌在文化取向及个性差异上的商业性决策,是建立一个与目标市场有关的品牌形象的过程和结果。换而言之,就是指为某个特定品牌确定一个适当的市场位置,使商品在消费者的心中占据一个特殊的位置,即当消费者的某种需要突然产生时,随即想到的品

◎ 图4-1 可口可乐红白相间的品牌标志

牌。比如,在炎热的夏天,人们突然感到口渴时,会立刻想到可口可乐红白相间的品牌标志,如图4-1所示。品牌定位的理论源于"定位之父"——全球顶级营销大师杰克·特劳特首创的战略定位。

品牌定位是品牌经营的首要任务,是品牌建设的基础,是品牌经营成功的前提。品牌定位在品牌经营和市场营销中有着不可估量的作用。品牌定位是品牌与这一品牌所对应的目标消费者群建立的一种内在的联系。

品牌定位是市场定位的核心和集中表现。企业一旦选定了目标市场,就要设计并塑造相应的产品、品牌及企业形象,以争取目标消费者的认同。由于市场定位的最终目标是为了实现产品销售,而品牌不仅是企业传播与产品相关的信息的基础,还是消费者选购产品的主要依据,因而其成为连接产品与消费者的桥梁,品牌定位就成为市场定位的集中表现。

品牌定位必须考虑如图 4-2 所示的 3 个基本问题。

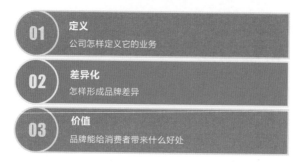

◎ 图 4-2　品牌定位必须考虑的 3 个基本问题

根据品牌定位任务书，设计师选择图形符号和色彩。品牌的中心元素，可以是符号，如耐克（Nike）的"钩子"；也可以是字体标志（独特的字体名称），如联邦快递（FedEx）的标志，如图 4-3 所示；还可以是两者的综合，如美国电话电报公司（at&t）的标志，如图 4-4 所示，又如梅赛德斯－奔驰（Mercedes-Benz），如图 4-5 所示。这些都是经历了时间考验的成功形象识别范例。平面设计是品牌知名度的首要资产，现代品牌不再仅属于商业领域，而是扩展到了整个传播领域。标志接受特别设计，以此沟通企业与公众。

◎ 图 4-3　联邦快递（FedEx）的标志

◎ 图 4-4　美国电话电报公司（at&t）的标志

◎ 图 4-5　梅赛德斯 - 奔驰的标志

例如，拉夫·劳伦对美国样式的独特理解，打破了 Polo 衫单一的使用场景，重新定义了"美式优雅"。

耐克、盖普（Gap，如图 4-6 所示）和维珍航空（Virgin Atlantic，如图 4-7 所示）通过对人的关注，创造了一种反文化，打破了常规，它们的标志反映了企业的创新文化。亚马逊（amazon.cn，如图 4-8 所示）和雅虎（YAHOO!，如图 4-9 所示）这样的数字产业的崛起反映了互联网时代速度和改变的本质。

◎ 图 4-6　盖普的标志

◎ 图 4-7　维珍航空的标志

◎ 图 4-8　亚马逊的标志

◎ 图 4-9　雅虎的标志

戴斯格波·戈博公司的马克·戈博发展了情感化品牌的概念。公司识别计划从单纯地基于视觉和影响演化为与消费者的情感联系，这种识别建立在互动与对话之上，即从影响转化为联系。任何平面识别都可被置于图形表现和情感意义的双轴矩阵中。因为图像（符号）比文字（名字）易记，符号创造了与消费者的情感联系。

例如，勒柯克百代公司的形象特征依赖于它的标志——显眼的风格化的公鸡形象和公司名称，如图4-10所示。朗涛公司（Landor）为勒柯克百代公司重新设计的这个富有生气的品牌形象获得了大奖。

◎ 图4-10　勒柯克百代公司的标志

在产品高同质化和分化的时代，企业的品牌必须在消费者的心目中占据一个独特而有利的位置，当消费者对该类产品或服务有需求时，该品牌能够在消费者的脑海中闪现出来。下面为品牌定位的15种法则，如图4-11所示。

1. 比附定位

比附定位就是攀附名牌，以比拟名牌来给自己的产品定位，希望借助知名品牌的光辉来提升品牌形象。

◎ 图 4-11　品牌定位的 15 种法则

2. 利益定位

利益定位就是根据产品或产品所能为消费者提供的利益、解决问题的程度来定位。由于消费者能记住的信息是有限的，他们往往只对某一种利益进行强烈诉求，容易产生较深的印象。以宝洁的飘柔定位"柔顺"、海飞丝定位"去头屑"、潘婷定位"护发"为代表。

3. USP 定位

USP（Unique Selling Proposition，独特的销售主张）定位策略的内容是在对产品和目标消费者进行研究的基础上，寻找产品特点中最符合消费者需要的，同时竞争对手所不具备的独特的部分。M&M's 巧克力的"只溶在口，不溶于手"的定位是 USP 定位的经典之作。

4. 目标群体定位

目标群体定位直接以某类消费群体为诉求对象，突出产品专为该类消费群体服务，从而获得目标消费群的认同。把品牌与消费者的诉求结合起来，有利于增进消费者的归属感，使其产生"这个品牌是为我量身定做"的感觉，如金利来的"男人的世界"的定位。

5. 市场空白点定位

市场空白点定位是指企业通过细分市场战略找出市场上未被人重视或竞争对手还未来得及占领的细分市场，并推出能有效地满足这一细分市场需求的产品或服务，如西安杨森公司的"采乐去头屑洗发水"的定位和可口可乐果汁"酷儿"的定位。

6. 类别定位

类别定位是与某些知名的或司空见惯类型的产品做出明显的区别，把自己的品牌定位于竞争对手的对立面，这种定位也可称为与竞争者划定界线的定位，以七喜的广告语"七喜，非可乐"为代表。

7. 档次定位

档次定位是按照品牌在消费者心中价值的高低，将品牌分成不同的档次，如高档、中档和低档，不同档次的产品带给消费者不同的心理感受和情感体验，常见的是奢侈品牌的定位策略，如劳力士的广告语为"劳力士从未改变世界，只是把它留给戴它的人"，又如江诗丹顿的广告语为"你可以轻易地拥有时间，但无法轻易地拥有江诗丹顿"。

8. 质量 / 价格定位

质量 / 价格定位是结合对照产品的质量和价格来进行的，产品的质量和价格通常是消费者比较关注的要素，而且往往是将二者结合起来综合考虑的，但不同的消费者侧重点不同。比如，某选购品的目标市场是中等收入的理智型的购买者，则可定位为"物有所值"的产品，作为与"高质高价"或"物美价廉"相对立的定位。这里以戴尔电脑的定位"物超所值，实惠之选"和雕牌的定位"只选对的，不买贵的"为代表。

9．文化定位

将文化内涵融入品牌，形成文化上的品牌差异，这种文化定位不仅可以大大提高品牌的品位，而且可以使品牌形象独具特色。酒类品牌运用此类定位较多，比如，珠江云峰酒业推出的小糊涂仙"难得糊涂"的"糊涂文化"和金六福推出的"金六福——中国人的福酒"的"福运文化"的定位。

10．比较定位

比较定位是指通过与竞争对手的客观对比来确定自己的定位，也可称其为排挤竞争对手的定位。在该定位中，企业设法改变竞争者在消费者心目中的现有形象，找出其缺点或弱点，并用自己的品牌与其对比，从而确立自己的品牌地位。这里以泰诺的定位——"为了千千万万不宜使用阿司匹林的人们，请大家选用泰诺"为代表。

11．首席定位

首席定位是强调自己处于同行业或同类产品中的领先地位，在某一方面有独到的特色。企业在广告宣传中使用"正宗"等口号，就是首席定位策略的运用，以百威啤酒的"全世界最大、最有名的美国啤酒"的首席定位为代表。

12．经营理念定位

经营理念定位是指企业利用自身具有鲜明特点的经营理念作为品牌的定位诉求，体现企业的本质，并用较确切的文字和语言描述出来。一个企业如果具有正确的企业宗旨、良好的精神面貌和经营哲学，那么，该企业采用的经营理念定位策略就容易树立起令公众产生好感的企业形象，以此提高品牌的价值（特别是情感价值）及品牌形象。这里以 TCL "为顾客创造价值，为员工创造机会，为社会创造效益"的经营理念定位为代表。随着人文精神时代的到来，这种定位会越来越受到重视。

13. 概念定位

概念定位是使产品、品牌在消费者心目中占据一个新的位置，形成一种新的概念，甚至形成一种思维定式，以获得消费者的认同，并使其产生购买欲望。该类产品可以是以前存在的产品，也可以是新品类产品。

14. 情感定位

情感定位是指运用产品直接或间接地冲击消费者的情感体验而进行定位，用恰当的情感唤起消费者内心深处的认同和共鸣，适应和改变消费者的心理。比如，某品牌钢琴的定位为"学琴的孩子不会变坏"，它抓住了父母的心态，采用攻心策略，不讲钢琴的优点，而是从学钢琴有利于孩子身心成长的角度，吸引孩子的父母。

15. 自我表现定位

自我表现定位是指通过表现品牌的某种独特的形象，宣扬其独特的个性，让品牌成为消费者表达个人价值观与审美情趣、表现自我和宣示自己与众不同的一种载体和媒介。自我表现定位体现了一种社会价值，能给消费者一种表现自我个性和生活品位的审美体验和快乐。比如，百事的广告语为"年轻新一代的选择"，它从年轻人的身上发现市场，把自己定位为新生代的可乐。李维斯牛仔裤的广告语为"不同的酷，相同的裤"，在年轻的一代中，酷文化似乎是一种从不过时的文化，紧紧抓住这群人的文化特征，以不断变化的带有"酷"像的广告出现，打动那些时尚前沿的新"酷"族，保持品牌新鲜和持久的生产力。

4.2 品牌价值

就整体意义而言，品牌价值（Brand Equity）作为一种企业资产，给其拥有者带来利益。它包括单独归于品牌的市场营销效益。品牌价值是由与品牌名称和标志相关的品牌资产（或债务）组成的，并被加（或减）到产品或服务上。

在市场调查中，研究品牌价值是出于经济目的，是为了并购而进行的资产评估，或是出于提高市场营销效率而进行的战略考虑。当消费者熟悉产品的品牌后并在他们的脑海中有愉快的、强烈的和独特的品牌联想的时候，才会产生品牌价值，品牌价值基于消费者对品牌的认知。

品牌价值框架如图 4-12 所示。

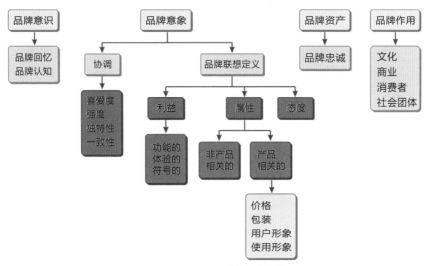

◎ 图 4-12　品牌价值框架

1．品牌意识

品牌意识表现为消费者在不同情境下识别出品牌的能力。

2．品牌联想

品牌联想是指任何一种把消费者跟品牌连起来的信息结点，包括用户意象、产品属性、使用场合、品牌个性和符号。品牌管理很大一部分取决于开发什么样的联想，然后创造一些把联想跟品牌联系起来的计划。

品牌联想包含如图4-13所示的5个方面。

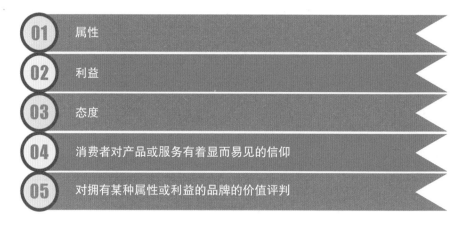

◎ 图4-13　品牌联想包含的5个方面

① 属性：产品或服务的描述性特征。

② 利益：消费者附加到产品或服务上的个性价值。消费者认为产品在功能、体验和符号利益方面能为他们提供哪些价值。

③ 态度：对品牌的总体评价，这是消费者行为的基础。市场营销

> 品牌建设的内容：品牌资产建设、信息化建设、渠道建设、客户拓展、媒介管理、品牌搜索力管理、市场活动管理、口碑管理、品牌虚拟体验管理等。

模型认为态度是具有多种作用的。

④ 消费者对产品或服务有着显而易见的信仰：在某种程度上，消费者认为品牌有某种属性或利益。

⑤ 对拥有某种属性或利益的品牌的价值评判：受偏爱的品牌价值是消费者在某个范围内，认为对他们比较重要的那些价值。

品牌管理就是把核心品牌变成比较受欢迎的品牌。可以通过对品牌个性的初选或协调品牌联想来建立品牌价值，因此，评估品牌知识的设计研究很重要。

4.3 品牌建设

品牌建设是指品牌拥有者对品牌进行设计、宣传、维护的行为和努力。品牌建设的利益表达者和主要组织者是品牌拥有者（品牌母体），但参与者包括品牌的所有接触点，包括用户、渠道、合作伙伴、媒体，甚至竞争品牌。品牌建设包括的内容有品牌资产建设、信息化建设、渠道建设、客户拓展、媒介管理、品牌搜索力管理、市场活动管理、口碑管理、品牌虚拟体验管理等。

品牌建设主要起到如图 4-14 所示的 4 个作用。

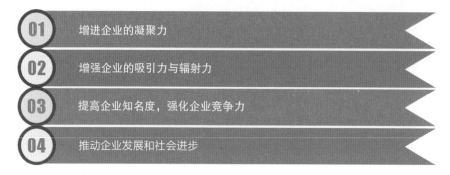

01	增进企业的凝聚力
02	增强企业的吸引力与辐射力
03	提高企业知名度，强化企业竞争力
04	推动企业发展和社会进步

◎ 图 4-14　品牌建设的 4 个主要作用

1．增进企业的凝聚力

企业凝聚力不仅能使团队成员产生自豪感，增强员工对企业的认同感和归属感，使之愿意留在这个企业里，还有利于提高员工的素质，以适应企业发展的需要，使全体员工以主人翁的态度工作，产生同舟共济、荣辱与共的思想，使员工关注企业的发展，为提升企业竞争力而奋斗。

2．增强企业的吸引力与辐射力

好的企业品牌使人羡慕、向往，不仅可以使投资环境价值提升，还能吸引人才，从而使资源得到有效的集聚和合理配置，企业品牌的吸引力是一种向心力，企业品牌的辐射力则是一种扩散力。

对于产品品牌来说，用消费者容易接受的方式传递环保新理念能成功地树立起有责任、有担当的品牌形象。如何将商业与环保平衡、保持可持续发展将是诸多品牌未来应该深入思考的议题。

3．提高企业知名度，强化企业竞争力

企业的实力、活力、潜力，以及可持续发展的能力，集中体现在竞争力上，而强化企业竞争力又同提高企业知名度密不可分。一个好的企业品牌将大大有利于企业知名度和竞争力的提高。这种知名度和竞争

力的提高不是来自人力、物力、财力的投入，而是靠"品牌"这种无形的文化力的推动。

4．推动企业发展和社会进步

企业品牌是吸引投资、促进企业发展的强大动力，进而促进企业将自己像商品一样包装后拿到国内甚至国际市场上"推销"。在经济全球化的背景下，市场经济催化了企业品牌的定位与形成。

为了实现在消费者心目中建立起个性鲜明、清晰的品牌联想的战略目标，品牌建设的职责与工作内容主要是制定以品牌核心价值为中心的品牌识别系统，然后以品牌识别系统整合企业的一切价值活动（展现在消费者面前的是营销传播活动），同时优选高效的品牌化战略与品牌架构，不断地推进品牌资产的增值并且最大限度地合理利用品牌资产。要高效地创建品牌，品牌战略专家翁向东认为，关键是要围绕如图 4-15 所示的 4 条主线做好企业的品牌战略规划与管理工作。

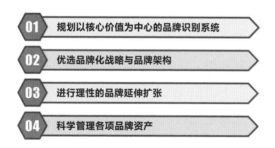

01 规划以核心价值为中心的品牌识别系统

02 优选品牌化战略与品牌架构

03 进行理性的品牌延伸扩张

04 科学管理各项品牌资产

◎ 图 4-15　做好企业的品牌战略规划与管理工作的 4 条主线

（1）规划以核心价值为中心的品牌识别系统

以品牌识别统帅一切营销传播，进行全面、科学的品牌调研与诊断，充分研究市场环境、目标消费群与竞争者，为品牌战略决策提供翔实、准确的信息导向；在品牌调研与诊断的基础上，提炼高度差异化、清晰明确、易感知、有包容性和能触动、感染消费者内心世界的品牌核心价值；规划以核心价值为中心的品牌识别系统，基本识别与扩展识别是核心价值的具体化、生动化，使品牌识别与企业营销传播活动的对接具有可操作性；以品牌识别统帅企业的营销传播活动，使每一次营销传播活动都演绎、传达出品牌的核心价值、精神与追求，确保企业的每一份营销广告投入都为品牌知名度做加法、为提升品牌资产做累积。制定品牌建设的目标，就是制定品牌资产提升的目标体系。

例如，随着 Amazon Echo、Google Home 等的智能家居系统越来越多地进入人们的日常生活，语音搜索已经成为必不可少的工具，声音营销成为当下一个不容忽视的趋势。想在"耳朵经济"中拔得头筹，首先要找到一个品牌特色声音标志。比如，国产儿童家居品牌 PUPUPULA 于 2019 年 3 月推出新品——一款在市面上少见的智能存钱罐。尽管无现金支付已经是大势所趋，但是这款存钱罐的设计目标是让父母在日常生活中帮助孩子认识现金。

Little Can 智能存钱罐通过 3 种智能交互——扭一扭、摇一摇、拍一拍，实现存钱、花钱、查余额、做任务的四大功能。在使用它时需要搭配手机 App 一起使用，所有的功能需要父母和孩子一起配合才能完成。产品上线之后，PUPUPULA 还发布了一支动画宣传视频，在不到1 分钟的短片里，出现了几种颇具特色的音效，从孩子的"啦啦"声到有节奏感的鼓声，具化了小朋友收钱时的愉悦感，让人印象深刻（见图 4-16 ）。

◎ 图 4-16　PUPUPULA 动画音效宣传视频

无独有偶，2019年3月，美国流媒体音乐平台Pandora发起了品牌春季营销活动"Sound On"，发布了自己的第一个声音标志，这是美国一个拥有自己声音标志的大型流媒体音乐平台，如图4-17所示。用户只需要打开其移动应用程序，Pandora就会在启动页面中播放这段声音，仅仅2秒，类似于过去摩托罗拉手机开机时发出的"Hello moto"，不过Pandora的声音可以根据用户的喜好和风格进行定制。这一做法，旨在帮助用户在听到Pandora独特的声音时，能够在短时间内识别其品牌。

为了给这项活动造势，Pandora还在亚特兰大、迈阿密、纳什维尔、纽约、奥克兰和旧金山的标志性地点打造了大型的户外装置，每一件作品都是由企业内部创意团队设计的。

◎ 图4-17　流媒体音乐平台Pandora
发布品牌声音标志

（2）优选品牌化战略与品牌架构

品牌战略规划很重要的一项工作是科学合理地规划品牌化战略与品牌架构。在单一产品的格局下，营销传播活动都是围绕提升同一个品牌的资产而进行的，而产品种类增加后，会面临着很多难题，究竟是进行品牌延伸，让新产品沿用原有品牌呢，还是采用一个新品牌呢？若新产品采用新品牌，那么原有品牌与新品牌之间的关系如何协调？企业总品牌与各产品品牌之间的关系又该如何协调？品牌化战略与品牌架构优选战略就是要解决这些问题。这是理论上非常复杂，实际操作过程中又具有很大难度的课题。同时，对大企业而言，有关品牌化战略与品牌架构中的一项小小决策都会在标的达到几亿元乃至上百亿元的企业经营的每一环节中，以乘数效应的形式加以放大，从而对企业效益产生难以估量的影响。比如，雀巢品牌灵活地运用联合品牌战略，既有效地利用了雀巢这个可以信赖的品牌获得了消费者的初步信任，又用"宝路、美禄、美极"等品牌张扬了产品的个性，如图 4-18 至图 4-20 所示，节省了不少广告费。

◎ 图 4-18　宝路薄荷糖

◎ 图 4-19　美禄燕麦片

◎ 图 4-20　美极鲜味汁

　　雀巢公司曾大力推广矿物质水的独立品牌——"飘蓝"，如图 4-21 所示，但发现"飘蓝"推广起来很吃力，成本居高不下，再加上矿物质水单用雀巢这个品牌消费者也能接受，于是就果断地放弃了"飘蓝"。2001 年下半年，市场上就见不到"飘蓝"矿物质水了，如果不科学地分析市场与消费者，继续推广"飘蓝"矿物质水，那么也许几千万元、上亿元的费用就白白地流走了。而国内不少企业就是因为没有科学地把握品牌化战略与品牌架构，在发展新产品时，在这一问题决策上失误而"翻了船"，不仅未能成功地开拓新产品市场，而且连累了老产品的销售。因此对这一课题进行研究，对帮助民族企业形成规模化，及至诞生中国的航母级企业有重要意义。

◎ 图 4-21　"飘蓝"矿泉水

（3）进行理性的品牌延伸扩张

创建强势大品牌的最终目的是持续获得较好的销售与利润。由于无形资产的重复利用是不用成本的，只要用科学的态度与较高的智慧来规划品牌延伸战略，就能通过理性的品牌延伸与扩张充分利用品牌资源这一无形资产，实现企业的跨越式发展。因此，品牌战略的重要内容之一就是对品牌延伸的各个环节进行科学和前瞻性的规划，如图4-22所示。

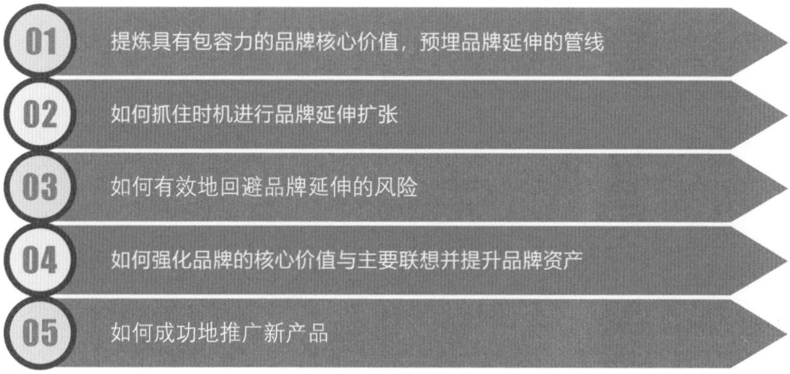

01　提炼具有包容力的品牌核心价值，预埋品牌延伸的管线

02　如何抓住时机进行品牌延伸扩张

03　如何有效地回避品牌延伸的风险

04　如何强化品牌的核心价值与主要联想并提升品牌资产

05　如何成功地推广新产品

◎ 图 4-22　品牌延伸进行科学和前瞻性规划的 5 个环节

（4）科学管理各项品牌资产

创建具有鲜明的核心价值与个性、丰富的品牌联想、高品牌知名

度、高溢价能力、高品牌忠诚度和高价值感的强势大品牌，累积丰厚的品牌资产。

首先，要完整地理解品牌资产的构成，透彻地理解品牌资产的各项指标，比如，知名度、品质认可度、品牌联想、溢价能力、品牌忠诚度的内涵及相互之间的关系。在此基础上，结合企业实际，制定品牌建设所要达到的品牌资产目标，使企业的品牌创建工作有一个明确的方向，做到有的放矢并减少不必要的浪费。

其次，围绕品牌资产目标，创造性地策划低成本提升品牌资产的营销传播策略。

最后，要不断地检核品牌资产提升目标的完成情况，调整下一步的品牌资产建设目标与策略。

第 5 章
设计营销的三大载体

5.1 广告设计营销

被称为现代"广告教父"的大卫·奥格成曾说:"一个优秀的、具有销售力的创意,必须具有吸引力与关联性,这一点从未改变过。但是,在广告噪声喧嚣的今天,如果你不能引人注目并获得信任,依然一事无成。"

广告设计营销是根据广告主的营销计划和广告目标,在市场调查的基础上,制定出一个与市场情况、产品状态、消费群体相适应的、经济有效的广告计划方案,并加以评估、实施和检验,从而为广告主的整体经营提供良好服务的活动。

5.1.1 广告的市场定位

广告的市场定位是企业为自己的产品设定一定的范围和目标,从而满足一部分消费者的需求的方法。因为无论任何企业的任何产品,都无法满足所有消费者的整体要求,所以,只有选择了广告的市场定位,才能够准确地把握目标市场。

广告设计营销：根据广告主的营销计划和广告目标，在市场调查的基础上，制定出一个与市场情况、产品状态、消费群体相适应的、经济有效的广告计划方案，并加以评估、实施和检验，从而为广告主的整体经营提供良好服务的活动。

1. 品牌定位

品牌定位主要是向受众明确地表现企业的名称、文化、品牌形象和品牌优势等，这些主要通过广告、产品，以及企业的标志形象来传达。企业标志经过注册后会受到法律保护，一旦成为知名品牌就会给企业带来无形的资产和影响力。因此，很多企业都选择用广告宣传品牌，包括平面广告和立体广告，使受众逐步接受该品牌。

准确地定位品牌的方法有很多，其中较为常见的宣传方法是加大广告的宣传力度，可以通过以下 3 点来提高宣传效率。

（1）品牌色彩形象的表现

在品牌定位之前，首先需要对其产品进行形象色的设计，以给消费者带来强烈的视觉印象。例如，可口可乐的形象色为红色，百事可乐的形象色为蓝色，麦当劳的形象色为黄色，这些品牌都已具备了强烈的视觉吸引力。如图 5-1 所示为 M&M's 巧克力豆的广告，其 Banner 广告是可以链接到登录页的。因此广告色彩的一致性一定要强，要向用户展示公司的形象。

◎ 图 5-1　M&M's 巧克力豆广告

（2）品牌图形形象的表现

品牌图形包装包括宣传形象、卡通造型、辅助图形等，其在广告中以发挥图形的表现力为主，从而在消费者心目中建立起图形与产品的对应关系，有利于体现产品宣传的形象性和生动性。如图5-2所示为百事可乐的运动广告。广告画面整体色彩偏淡，突出了穿着艳丽的运动服，做着炫酷动作的人物。人物运动中掀起的衣角露出白色的内衣，蓝色的 T 恤、白色的内衣与红色的裤子在不经意间组成了百事可乐的品牌标志颜色。

◎ 图 5-2　百事可乐的运动广告

（3）品牌文字形象的表现

品牌文字形象由于其可读性、标识性和个性，成为品牌形象的重要表现手法之一。将品牌文字制作出具有突出表现力的效果，更容易被消费者记住。如图 5-3 所示，为了让人们关注到夜间营业的麦当劳门店，麦当劳法国店用光影艺术为自家的经典产品——汉堡、薯条、冰激凌，打造了一组创意视觉海报，绚烂的灯光勾勒出产品的轮廓，也让这些食品有了一丝浪漫的味道。

产品定位：主要是向消费者介绍企业所销售的产品，使消费者通过产品广告对其特点、用途、功效、档次等有直观的了解。产品定位主要可以通过 6 种方式来表现：产品特色定位、产品功能定位、产品产地定位、传统特色定位、纪念性定位、产品档次定位。

◎ 图 5-3　麦当劳的户外广告

2. 产品定位

产品定位的作用主要是向消费者介绍企业所销售的产品，使消费者通过产品广告对其特点、用途、功效、档次等有直观的了解。主要可以通过如图 5-4 所示的 6 种方式来表现产品定位。

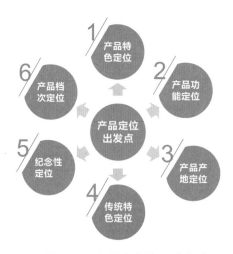

◎ 图 5-4　产品定位的 6 种方式

（1）产品特色定位

产品特色定位是将与同类产品相比较而得出的个性作为设计营销的一个突出点，它对目标消费群体具有直接、有效的吸引力。如图 5-5 所示为荷兰 ING 银行的广告，它用各种超现实的表现方式营造出梦境般的视觉感受，带给观众舒适感的同时也表现出 ING 银行给用户带来的同样舒适、便捷的服务。比如，可以畅通无阻地刷信用卡支付，没有烦琐的手续，没有佣金，存款可以利滚利等。

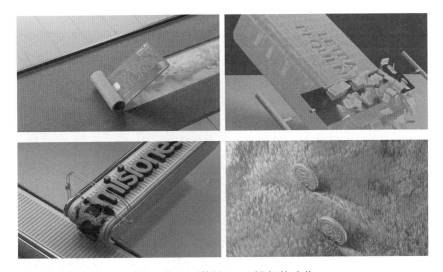

◎ 图 5-5　荷兰 ING 银行的广告

（2）产品功能定位

产品功能定位是将产品的功效展示给消费者，从而吸引目标消费群体。如图 5-6 所示为 Micolor 洗衣液的广告，将不同的衣服整合成两个自在相拥的人，友好的氛围体现了洗衣液使衣服不打皱褶、不缠绕的功能，生动地切合了广告的诉求。

◎ 图 5-6　Micolor 洗衣液广告

（3）产品产地定位

　　某些产品的原材料由于其
产地的不同而产生了品质上的
差异，因而突出产品的原材料
产地成了一种对品质的保证。
如图 5-7 所示为农夫山泉长
白山天然矿泉水玻璃瓶包装，
瓶身的设计仿佛一颗下落中的
水滴，玻璃瓶上绘制了 8 种典
型的存在于长白山地的动物、
植物的图案，用以区分该款产
品是否为气泡水。该产品的平
面广告突出了将长白山的生态
文明融入包装设计之中，折射
出对大自然的敬畏。

◎ 图 5-7　农夫山泉长白山
天然矿泉水广告

（4）传统特色定位

　　在广告上突出对传统文化及民族特色文化的表现，可使地方传统
特色商品等具有非常贴切的表现力。如图 5-8 所示为同仁堂月饼礼盒
广告，同仁堂已经有超过 300 年的品牌价值，设计师将传统中国文化

中重要的幸福、繁荣、长寿和欢乐作为设计灵感，构建一个根植于历史文化和传统中并对当今消费者更具吸引力的深度设计。将传统理念和同仁堂的品牌个性相整合，尊重了传统而又不苛刻，进射出新的活力是同仁堂品牌图像和其视觉传达理念，同仁堂月饼在包装结构方面简单环保，平面广告中展示了传统文化元素。

◎ 图5-8　同仁堂月饼礼盒广告

（5）纪念性定位

在广告宣传中结合大型庆典、节目、文体活动等带有纪念性的设计，从而吸引特定的消费者。如图5-9所示为可口可乐印度新年祝福系列广告，是根据印度各个地区的不同特色制作的。

（a）东北部地区　　　　　　　　　（b）南部泰米尔纳德邦

◎ 图5-9　可口可乐印度新年祝福系列广告

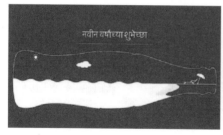
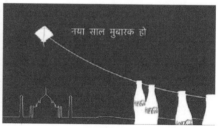

（c）西部马哈拉施特拉邦　　　　　　　（d）北方邦

◎ 图 5-9　可口可乐印度新年祝福系列广告（续）

（6）产品档次定位

根据产品营销策划的不同及产品用途上的区别，可将同一产品区分为不同的档次，有针对性地吸引目标消费者。如图 5-10 所示为 Bob's 汉堡的广告。这是非常萌的一系列广告，其广告语为 "Bob's 家的汉堡由你的饥饿感来决定，3 种尺寸，任由你选择"。

◎ 图 5-10　Bob's 汉堡广告

3. 受众定位

在广告设计中另一个要体现的信息是消费群体，只有充分地了解目标消费群体的喜好和消费特点，广告设计才能体现出针对性和销售力。

（1）地域区别的定位

根据地域的不同，结合人们的风俗习惯、民族特点、喜好，进行针对性设计。如图 5-11 所示为印度 Nilkamal 塑料椅子广告，大象站在塑料椅子上很明确地表达了产品的稳定性，用插画的形式来表现使得广告更加美轮美奂；从精妙的配色到细节的把控，画面精炼、表意明确，仅仅看着大象惊呆的眼神，就足够传达广告的寓意了。

（2）生活方式区别的定位

具有不同文化背景、不同年龄层或职业的消费者有不同的生活方式，这直接导致了他们消费观念的差异，

◎ 图 5-11　印度 Nilkamal 塑料椅子广告

因此，要根据差异区别定位后，把它们在广告设计中具体地体现出来。如图 5-12 所示为必胜客午餐广告。如今城市白领在工作中积极上进，他们对食物的要求也一样有着高标准。但很多时候，吃午餐对于他们来说，是一件比较难解决的事，必胜客针对"路边摊吃着不放心、饭店等餐时间长、午餐花费半天工资、来来回回只有那么几道菜"这些日常生活中的问题，总结出年轻人午餐的四大痛点，即"不健康、慢、贵、品种单一"。精准发起"好好吃午餐"的话题，对于广大依赖食物去治愈自己、在意人与食物关系的城市新群体，这无疑是一则容易获得好感的广告。

◎ 图 5-12 必胜客午餐广告

（3）生理特点的定位

消费者有不同的生理特点，他们对产品有不同的需求，因此，护肤品有适合干性、中性和油性皮肤的特征之分，香水有不同的香型等。在设计产品广告时，我们可以依据目标消费者的生理特点来表现产品的特征。如图 5-13 所示，一直以来，大家都不知道这样一个真相：恶劣的环境对头发的伤害是对皮肤伤害的 3 倍。一直追求"strong beautiful"的潘婷，在车水马龙的街头，打出了一块"长满头发"的广告牌，以期通过一个实验告知消费者真相，强调"美自强韧"的品牌核心观念。此广告牌上的广告信息被一缕缕秀发遮住，广告制作人员通过装置给这些"秀发"设置了一个限值：只要污染指数超过 50PSI，广告牌便会掉下一缕头发，仅仅用了 10 天，广告牌上的头发便掉完了。广告牌上被遮住的字也随之显露出来，恶劣环境对头发的伤害一目了然。这个世界上应该没有人喜欢秃发、脱发，如果是因为年龄增长造成的不可抗力脱发，那么还能稍有安慰，但如果是因为环境因素和自己的无知导致的脱发，那么就很可惜了。潘婷在为大家科普头发知识的同时，也顺便把自己的品牌推销了，脱发的广告牌设计得足够吸睛，自带流量。

现代广告的营销：通过具体安排进行推广的方法，使广告发挥更大的作用吸引消费者。其内容非常丰富，步骤众多，不同的策划公司有各自不同的做法，没有统一的模式，但是从大体上可以分为5个部分，分别是广告目标、市场分析、广告策略、广告计划和广告效果测定。

◎ 图 5-13　潘婷的户外广告牌

5.1.2　现代广告的营销策略

现代广告是传播经济信息的工具，又是社会宣传的一种形式，涉及思想、意识、信念、道德等内容。广告在传播信息的同时又会给社会带来大量的科学、文化、教育、艺术等方面的知识。广告的目的是对品牌进行推广，在这个过程中，将广告的功能发挥到最大程度，才能完成成功的广告推广。在对广告进行策划与推广时，将品牌知名度打响，成了各大企业的一项重要商业策略。

通过具体安排进行推广的方法，使广告发挥更大的作用吸引消费者。广告营销的内容非常丰富，步骤众多，不同的策划公司有各自不同的做法，没有统一的模式，但是从大体上可以分为5个部分，分别是广告目标、市场分析、广告策略、广告计划和广告效果测定。

广告营销策略可以从目标市场、市场定位、广告诉求、广告表现、广告媒介和企业协作6个方面入手，如图5-14所示。广告营销策略作为广告战略的一部分，是保证实现广告目的的重要谋略思想，是广告为实现广告战略目标而采取的对策与手段。

1 目标市场策略	4 广告表现策略
2 市场定位策略	5 广告媒介策略
3 广告诉求策略	6 企业协作策略

◎ 图 5-14　6 种广告营销策略

1. 目标市场策略

目标市场随着产品的不断推广会发生改变，当产品刚开始推广时，可采用开拓性的广告营销策略，以推广品牌为主，使品牌知名度提高，并得到消费者的认同。如图 5-15 所示为 Sinteplast 墙体涂料系列广告。拿着照片的手势起到指引视线的作用，小树苗已经长大，车子快报废了……但老照片上的房子的颜色与现今的却毫无差异，巧妙地传达出"持久不变色"的产品特征。

◎ 图 5-15　Sinteplast 墙体涂料系列广告

当品牌具有一定的知名度时，则采用劝说性的广告营销策略说服消费者购买，以提高市场占有率为目的；当品牌知名度和市场占有率得到一定提高后，可采取提示性的广告营销策略，以造声势，提醒消费者留意产品的销售情况和新产品推出的时间等。如图 5-16 所示为西班牙 IBERIA 航空公司广告。其创造性地使用图底视错觉的表现手法，敏锐地利用两栋楼之间的空隙透过的光，形成世界各地标志性的建筑形象，让人眼前一亮；对称的版面给人均衡感，让人联想到航空公司服务的安全、务实；纯粹的色调突出了这些标志性的建筑，让人自然而然地明白航空公司负责运营的航线。

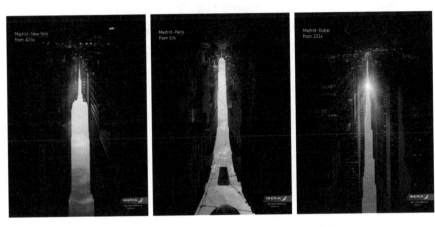

◎ 图 5-16　西班牙 IBERIA 航空公司广告

2. 市场定位策略

市场定位策略的根本目的是使产品处于与众不同的优势位置，从而使企业在竞争中占据有利的地位。在市场定位时，可根据目标消费者的要求，采取价格定位策略、素质定位策略、时尚定位策略等。市场定位不能偏差或含糊不清，否则会造成广告诉求重点不明，难以给受众留下特定的鲜明印象。如图 5-17 所示为佳能 180 度圆形镜头广告。脚的方向违反常理地和人的朝向相反，用视错觉的表现方式创意地表达 180 度圆形镜头的特色。大气磅礴的风景，鼓舞人心的艺术，将最美好的生活时光描绘成史诗般的照片，生动地表达了镜头拍摄恢宏照片的强大性能。

◎ 图 5-17　佳能 180 度圆形镜头广告

　　在确定市场定位战略之初，可通过 5 个方面对广告确定定位方向。第一是根据产品的具体特点对产品进行定位；第二是根据产品所满足的需要及产品所提供的利益对产品进行定位；第三是根据产品的使用场合对产品进行定位；第四是直接针对竞争者或避开竞争者进行定位；第五是为不同的产品种类进行定位。在确定了定位方向后，选择和实施市场定位战略的 3 个步骤——"识别可能的竞争优势""选择正确的竞争优势""有效地向市场传播企业的市场定位"。

　　（1）识别可能的竞争优势

　　消费者一般会选择那些给他们带来较大价值的产品和服务。因此，赢得和留住用户的关键是比竞争者更好地理解用户的需求和购买过程，并向他们提供更高的价值。例如，通过提供比竞争者更低的价格，或者提供更高的价值使较高的价格显得合理。

　　企业可以从产品差异、服务差异、人员差异和形象差异 4 个方面考虑竞争优势。

　　（2）选择正确的竞争优势

　　如果企业很幸运地发现了若干个潜在的竞争优势，那么现在企业必须选择其中的几个竞争优势，由此建立起市场定位战略。一般情况下，企业在发展过程中必须全面考虑各方面的要素，这些要素主要包括结构、制度、风格、员工技能、战略和共同的价值观。

总的来说，企业需要避免 3 种主要的市场定位错误，第一种是企业定位过低，也就是说，企业根本没有真正地定好位；第二种是企业定位过高，给消费者留下一个过高的企业形象；第三种是企业定位混乱，给消费者留下一个模糊的企业形象。

（3）有效地向市场传播企业的市场定位

当选择好市场定位后，企业就必须采取切实的步骤把理想的市场定位信息传达给目标消费者。企业所有的市场营销组合必须支持这一市场定位战略，使企业市场定位要求有具体的行动而不是空谈。

3. 广告诉求策略

根据广告诉求对象的特点，按照情感特点划分广告诉求策略，大致可以分为如图 5-18 所示的 3 种。

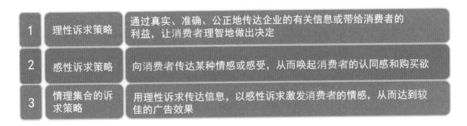

◎ 图 5-18　3 种广告诉求策略

如图 5-19 所示为宜家床具广告，其把宜家家具的名字改成人们在一段关系中焦虑的事，例如，把双人床的名字改成"如何拥有一段快乐的关系"，把粉笔板的名字换成"他不能告诉我他爱我"，这些句子都来自谷歌搜索的热门短语，为此宜家还专门建立了一个名为"宜家治愈系"的网站。极简、质朴的产品形态，感性的文案，创新的广告表现方式吸引了消费者眼球。

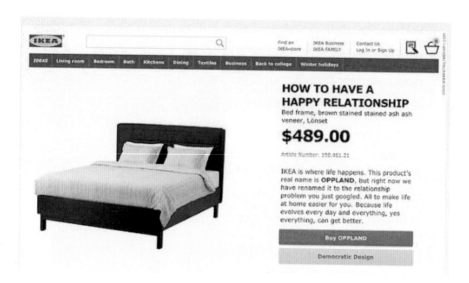

◎ 图 5-19　宜家床具广告

4. 广告表现策略

广告表现策略要解决的是在广告中，信息是如何通过富有创意的思路、方式及恰如其分的广告表现主题并传达给受众的。广告诉求的重点通常是产品的优点和特色，而广告表现的主题则具有更深一层的内涵。广告表现策略要求广告策划者使用创意对广告信息进行包装，并确定广告设计、制作的风格和形式。如图 5-20 所示为 Rokid Me "掌上音乐会" 广告。Rokid Me 是人工智能公司 Rokid 于 2018 年 6 月发布的一款便携智能音箱。Rokid 品牌希望能够通过特殊的方式吸引消费者的关注。创意公司 The Nine 为其打造了一幅长 23 米、宽 12 米的巨型海报，海报中央是一位沉浸于聆听中的少女形象。最特别的是，一只立体的雕塑手臂从画面上少女的身体中延伸出去，在空中形成了一个 "手掌舞台"。随后，音乐家们陆续登上 "手掌舞台" 进行表演，表现了深沉舒缓的大提琴、火力全开的

rap、清丽婉转的昆曲等。The Nine 将一块广告牌变成了现场表演的舞台。

◎ 图 5-20　Rokid Me "掌上音乐会" 广告

5. 广告媒介策略

按照广告媒介的综合特性来划分，广告媒介一般可以分为 8 种类型，分别是大众传播广告媒介、户外广告媒介、直邮广告媒介、交通广告媒介、赠品广告媒介、黄页广告媒介、通信广告媒介和网络广告媒介。据统计，80% 的广告费用用于广告媒介，如果媒介选择不当，就有可能造成投入高、见效低的结果。通常产品广告可以选用报纸、广播、电视和杂志作为主要的宣传媒介，另外还可以结合户外广告（包括巨幅电脑喷画、路牌、灯箱、车身广告等）及直邮广告等宣传方式进行辅助宣传。广告媒介策略要求企业和代理商合理地选择媒介组合，形成全方位的广告空间，从而扩大广告受众的数量。另外，要合理地安排广告的发布时间、持续时间、频率、各媒体发布的顺序等，特别重要的广告应提前预订好发布时间和版位。

> 新广告的产生、消费形态的改变、商业流通的发展、新材料的涌现、制作工艺的改进、市场营销的发展、人们的生活观念、审美情趣的改变等都会促进新广告形态的出现。

如图 5-21 所示为美国床垫品牌 Casper 打盹拖车的广告。为了让更多的人接触到自家的商品并试用，Casper 打造了这辆车，在美国几个重要城市巡回展出，并邀请人们试睡，小屋子里还有专门的睡前小故事电话，让人感受家一般的温暖。

◎ 图 5-21　美国床垫品牌 Casper 打盹拖车的广告

6．企业协作策略

企业在开拓新市场时，由于宣传等原因所需的广告投入费用极大，而且很难立刻提升知名度。此时可以联合当地具有良好信誉和知名度的企业共同推出新产品。在广告营销中重点突出联手企业的形象，这是一种非常实际并有效的方法，在商业发达的国家中也是一种较为普遍的做法。

5.1.3　影响广告营销形态的 4 个因素

每个时期的广告都带着时代的鲜明烙印。新广告的产生、消费形态的改变、商业流通的发展、新材料的涌现、制作工艺的改进、市场

营销的发展等都会促进新广告营销形态的出现。有时甚至会对人们的
生活观念、审美情趣，以及对广告营销形态产生影响，如图 5-22
所示。

◎ 图 5-22　影响广告营销形态的 4 个因素

1. 市场需求

市场需求因素是促使广告营销形态发展的主要因素之一，其主
要表现为随着人们生活水平和物质需求的提高，他们对事物的认识能
力得到了相应提高，广告营销形态的发展和转变也得到了一定程度的
刺激。在这种外因的刺激下，适者生存的现实状况摆在了广告人的面
前，只有使广告营销形态向市场需求因素靠近，才能够生存下去。

如图 5-23 所示，为了进一步宣传推广品牌的环保理念，加拿大
宜家和创意代理商 Rethink 发布了一个主题为" Stuff Monster"
的广告片。广告片中，一个由宜家二手家具组成的体型巨大的怪兽突
然出现在社区里，它不但没有引起人们的恐慌，而且还把自己身体的
一部分送给那些有需要的人，而随着怪兽一步步地解体消失，逐渐变
得越来越轻巧快乐，大家也很开心地用着怪兽提供的沙发、躺椅等家
具。广告片的最后，怪兽只剩下头部，象征着怪兽的主人已经将家具
全部处理掉了。

◎ 图5-23 加拿大宜家"Stuff Monster"广告

2. 商品流通的发展

商品流通的发展使广告形态拥有了更多的发展空间。随着我国加入世界贸易组织，人们更深切地感受到贸易全球化，世界正在逐渐"变小"。我们在商场里可以购买到世界各地的商品，并且可以通过各种途径了解世界各地的企业和品牌，这些都依赖于流通领域的高效率、高度的广告宣传力和较好的包装运输水平。

人们不断地利用科技手段来适应新的流通需要，针对不同的产品特征，有许多通过经验积累和研究得来的方法。在社会需要的情况下，人们不断地利用新技术来满足流通需要，也正是流通技术手段的发展促进了包装设计形态的发展。如图5-24所示为GE节能灯包装设计。它用回收的刨花板（足够硬）作为包装材料，而不使用胶水并尽可能少地使用油墨。

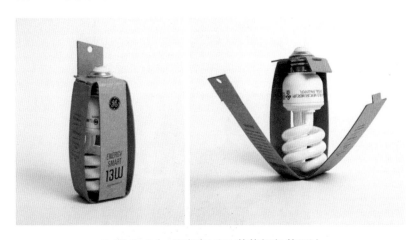

◎ 图5-24　硬纸板GE节能灯包装设计

3. 产品的技术需求

广告形态的发展需要产品技术的支持，随着产品技术的发展，广告形态变得多种多样起来。

随着人类文明的进步，新产品不断地出现，有些新产品属于人类以前从未涉及的新领域，例如，微电子、超导体、生物基因制品等。这些新产品对广告设计提出了新的挑战，如何让人们了解这些新产品、如何表现这些新产品的特点、如何通过包装广告设计来保护这些新产品，以及这些新产品如何能在商业销售上取得成功。这些新课题促进了广告设计的不断更新和进步，从而使其适应新产品包装和时代的需要。

经常玩游戏的人都知道，冒险解密类游戏会通过系统与玩家之间的不断"对话"，推动游戏的进程。这种互动性可以让用户更深入地对游戏创造的世界进行沉浸式的体验。在 AR、VR 等技术的加持下，行业之间的壁垒逐渐被打破，"影游互动"模式开始受到青睐。而在营销领域，互动型广告也陆续出现。2019 年 1 月，日本游戏厂商卡普空为推广游戏《生化危机 2 重置版》，在 YouTube 上发布了互动型广告，用户通过点击不同的选项跳转进入不同的广告流程，如图 5-25 所示。这样一来，广告不只是一次简单的投放行为，其还作为一场用户深度参与的营销活动，更好地输出了品牌价值。

◎ 图 5-25　日本游戏厂商卡普空发布的互动型广告

4．媒体发展

广告媒体是宣传企业、品牌和机构等主体信息的媒介，承载着广告主体的相关信息并对其进行宣传，因此，广告的宣传离不开对广告媒体的应用。

广告媒体的发展随着科技的进步越来越多样化，也随着商业社会及广告业的发展日趋完善。不同时期的广告媒体对广告的宣传形式有一定的制约，而丰富的广告媒体也使广告的宣传形式步入全新的天地。

承载着广告宣传形式的广告媒体呈现出多元化的发展状态，不同的广告媒体对广告的宣传形态起着决定性的作用。从最初的口头宣传和手工绘图到电视媒体，再到网络媒体，通过长期发展促使广告的宣传形态有了突破性的发展，并使其越来越国际化、全球化。

如图 5-26 所示为耐克"Run the World"跑动地球互动装置。2018 年 3 月，为了给全新跑鞋"Nike Epic React"造势，耐克精心策划了一起名为"跑动地球"的线下快闪活动。他们和其创意伙伴 W+K 在上海合作，将上海标志性的美罗城球形建筑变成了一颗"地球"，并在上方搭建了高达 5 米的弧形屏幕。当不同的人踏上位于建筑正前方的跑步机上开始奔跑时，他们的影像就会在大屏幕上被实时直播，由此呈现出他们奔跑于地球之巅的奇景。而当跑步者停下脚步时，"地球"也随之悄然静止。为了扩大影响，耐克邀请了"运动员 + 明星"组合，具有创新的手法让这次直播吸引了 200 万名观众在线观看，同时在社交媒体上引发了二次传播。

◎ 图 5-26　耐克"Run the World"跑动地球互动装置

5.2　包装设计营销

俗话说"货卖一张皮"，包装设计是产品有效的销售手段。普通消费者对于一款产品的感觉，大部分都来自首次见到产品时的视觉印象。产品首次被购买，其包装起 90% 的作用，其次才是产品的推销介绍作用。

> 好的设计师肯定是一个精明的心理学家。包装的设计思想应当以消费者为中心，想方设法地满足消费者的心理需要。

很多企业在产品的包装设计上不重视，不愿意投入，或者只是简单地设计一下，这些都是错误的做法。实际上，好产品有了好品质、好定位、好营销，还要有爆款，否则，前面做的营销工作，都会前功尽弃。

5.2.1 消费心理的 7 个阶段

如何通过产品的包装设计来提高产品的销量呢？产品的包装设计不仅要从视觉上吸引特定的消费群体，还要从心理上捕捉消费者的兴奋点与购买欲。

好的设计师肯定是一个精明的心理学家。包装的设计思想应当以消费者为中心，想方设法地刺激并满足消费者的心理需要。

消费者购买商品时，对商品的认识过程包括注意、兴趣、联想、欲望、比较、信赖、行动 7 个阶段，如图 5-27 所示。

◎ 图 5-27　消费者购买商品的
7 个阶段

1. 注意阶段

消费者进入商店后，对商品的第一印象很重要。图案鲜明、文字突出、色彩醒目，有很强视觉冲击力的包装设计才能在短时间内吸引消费者的目光，如图 5-28 所示。

◎ 图 5-28　TALEA 饮品包装设计

2. 兴趣阶段

不同的消费者有不同的风格，设计师可针对不同风格喜好的消费者，从色彩、造型、文字、图案等方面着手构思，设计出满足不同消费者的文艺、复古、狂野等不同风格的商品包装。

如图 5-29 所示为林家铺子黄桃西米露罐头。"小奶桃"的名称设计有助于加深消费者对品牌的风格设计印象。罐贴背景采用方格纸的设计风格，插画中的女生与罐头特写互相搭配，营造故事性的氛围，使产品的包装呈现出清新简约的风格。

◎ 图 5-29　林家铺子黄桃西米露罐头包装设计

3. 联想阶段

具有新奇感、特色感、优美感的产品包装易诱发消费者的丰富联想。如图 5-30 所示，乍看上去，以为这是一根雪糕的包装，其实是以海滩为元素的限量版 T 恤的包装设计。设计师从海滩的场景中获得灵感，设计了一个个生动的卡通形象。T 恤属于夏天的产品，海浪、沙滩、游泳、垂钓、雪糕，设计师想用一切清凉的元素来唤起人们对夏天的感受。另外，"雪糕"的手柄还具有将衣服从包装中抽出来的作用。

◎ 图 5-30　Los Playeros T 恤的包装设计

4. 欲望阶段

通过视、听、嗅、触等各种手段吸引消费者，以产品品质优良、价格合理、使用方便、造型优美等特点，打动消费者，刺激消费者的购买欲望，如图 5-31 所示。

◎ 图 5-31　刺激消费者购买欲望的包装设计

5. 比较阶段

把商品的形状、颜色、味道、性能、使用方法展示给消费者，便于消费者进行比较、挑选。消费者一般经过此阶段后，再决定是否购买，如图 5-32 所示。

◎ 图 5-32　好的包装设计能在比较阶段胜出

6. 信赖阶段

商品的包装设计力求使消费者对该商品产生信赖感。老牌、名牌商品的形象、优质产品的标志、质量认证标志、实事求是的说明书，都可以增强消费者对商品的信赖感，如图5-33所示。

◎ 图5-33　使消费者产生信赖感的产品包装设计

7. 行动阶段

经历了以上各阶段，消费者才能决定购买商品，从而实现购买，完成消费的过程。

5.2.2　包装设计的5个要点

在进行产品包装设计时，要注意以下5个要点。

一是品牌包装设计应从商标、图案、色彩、造型、材料等构成要素入手，在考虑商品特性的基础上，遵循品牌设计的一些基本原则，比如，保护商品、美化商品、方便使用等，使各项设计要素搭配协调，相得益彰，以取得较佳的包装设计方案。如果从营销的角度出发，品牌包装的图案和色彩设计是突出商品个性的重要因素，进行个性化的品牌形象设计是有效的促销手段。

二是企业在进行市场运作时，一方面可以根据目标市场的特点，充分考虑各种外部环境情况；另一方面要对市场营销进行战略策划，选择并通过产品、价格、流通、促销等市场营销组合，全方位地开展市场营销活动。设计师要密切关注新技术的发展、产品的市场动向，掌握第一手资料，把新技术、新材料、新工艺运用到产品包装设计的更新升级中；产品的包装设计必须适应这种转变，要充分考虑产品的属性、形状、体积、容量、重量等因素。

三是在进行产品包装设计市场调研时，设计者应对消费者的爱好、需求、趣味，以及同类产品的销售情况、用户的意见等进行充分了解，以研究市场潜在消费人口的购买动机并对以往同类产品的优点、缺点进行分析。如果是新上市的产品，那么主要重视产品的消费需要，以及消费者的心理需求等分析。

四是包装设计的容器造型与结构设计应根据产品的属性与特点，结合市场与消费者需求进行开发，并同时考虑功能、结构、材料、生产工艺等方面的因素，进行有针对性、多样化的产品包装设计。要进一步完善产品的包装设计功能，处理好基本功能与辅助功能的关系，以便吸引消费者，同时提高老用户的重复购买率。在适应外部市场的营销环境（社会与文化、政治与法律、技术、人口、自然等环境）的同时，也可影响外部市场营销环境。

五是在目标市场方面，设计师必须不断地强化市场营销意识，进行深入的市场调研，从目标消费者的需求出发，开发新产品、设计新包装，调动并采取一切市场营销手段，打开市场、进入市场，满足目标消费者的需求，或改变或创造目标消费者的需求，为消费者打造强有力的视觉盛宴。

5.2.3　包装设计的 9 个核心要素

设计其实很难建立一个标准体系，但是遵循商业的角度还是可以找到一些成功创作的路径的。设计师应懂得产品包装设计的要素，掌握工艺手法，在各个要素之间寻找最优的平衡点。除产品包装视觉设计外，还要懂得包装结构、刀版图、印刷知识等。如图 5-34 所示为包装设计的 9 个核心要素。

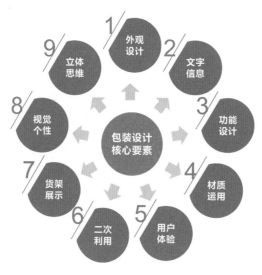

◎ 图 5-34　包装设计的 9 个核心要素

1. 外观设计

好的外观设计可以吸引消费者，更好地体现产品的存在感，包括展示面的大小、尺寸和形状，甚至可以用异形的包装吸引消费者的第一感官。

如图 5-35 所示为茶叶的包装设计。简洁的套盒设计，通过外盒上的镂空设计，标识不同的茶类。镂空的设计可以很快地聚焦消费者的视角，同时套盒下端采用 1/5 占比的纯色填充，平衡了大面积留白造成的轻飘感，让整个盒子看起来十分沉稳。

◎ 图 5-35　茶叶的包装设计

2. 文字信息

文字是传达思想、交流感情和信息、表达某一主题内容的符号。产品包装上的品名、说明文字等反映了包装的本质内容。在进行产品包装设计时，要把文字作为包装整体设计的一部分来统筹考虑。

如图 5-36 所示为雀巢咖啡"定味云南"限定挂耳咖啡包装设计。内盒包装的特别之处在于其以地理经纬度作为主视觉设计，3 个不同的地理位置描述实则表达不同的咖啡豆产地。对半呈现的数字增添了外观的对称美，而以小袋的包装形式在正反两面分别印上纬度，当面拼接时呈现完整的纬度为原点数字的对角式设计，将其立体感呈现得更加丰满。

◎ 图 5-36　雀巢咖啡"定味云南"限定挂耳咖啡包装设计

3. 功能设计

功能设计是功能创新和产品设计的早期工作，是设计调查、策划、概念产生、概念定义的方法，是增加商品价值的一种手段。

如图 5-37 所示，这款包装不只是能容纳一杯奶茶的设计。其在简约的外观设计下，加入了更多的功能元素。此外，还有固定不同大小食品的纸带设计，细致、纯粹的包装均能体现设计者的用心。

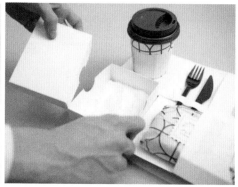

◎ 图 5-37　外带食品包装设计

4. 材质运用

不同的材质包装，可以给消费者带来不一样的感官效果，可以增加产品的层次感，以便售卖出更好的价格。

如图 5-38 所示为魅族新年可收纳礼盒包装设计。礼盒里面有时钟、笔筒等产品，其造型采用了几何形的设计，放在桌面上显得非常精致。这套礼盒产品采用的是混凝土材质，区别于传统的设计，具有新意。

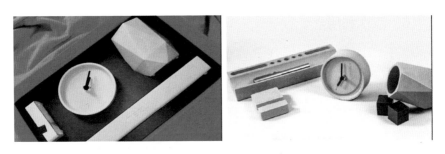

◎ 图5-38　魅族新年可收纳礼盒包装设计

5．用户体验

各式各样的包装给人以不同的触觉与体验，从看到的结构到触碰的材质，再到一层层拆解产品的过程，都会使人产生不同的感受，在产品包装设计中，我们需注重消费者的体验感受。

如图5-39所示，这种比萨外卖的包装设计，在每一小块比萨下面放置一张可以捏着比萨的纸，这样就节省了纸巾和刀叉，非常人性化。

◎ 图5-39　比萨外卖的包装设计

6. 二次利用

包装设计师要思考和检视包装的世界，让包装设计可持续发展，并注入创新元素。一个好的包装设计师应同时考虑延展性，如图5-40所示的红酒包装盒，把酒瓶拿出来后就是一个木制的鸟巢。

◎ 图 5-40 红酒的包装设计

7. 货架展示

包装设计需要有货架思维，通常情况下，不会有完美的背景衬托视觉效果，有的只是商战货架。需要考虑的是，你的包装设计是否能从众多竞品中突出出来，以及如何摆放展示。

如图5-41所示的茶叶的包装设计表现了完整的跨界感，这款包装里面可以是饼干、咖啡、糖果等。但正是因为如此，当这款包装在茶叶产品的货架上出现时，能在第一时间引起消费者的注意。由于没有其他更多的产品信息，这款产品的销售特点一定是以性价比走量为主的。

◎ 图 5-41 茶叶的包装设计

产品的包装是品牌的核心传播载体，一套个性化的品牌视觉体系包装是非常关键的，需要在充分研究竞品的基础上进行设计，这样才有足够的竞争力。

8. 视觉个性

产品的包装是品牌的核心传播载体，一套个性化的品牌视觉体系包装是非常关键的，需要在充分研究竞品的基础上进行产品包装设计，建立独特的品牌视觉个性，保持与竞争品牌的差异化，这样才有足够的竞争力。

如图5-42所示为笔刷形袜子的包装设计，五颜六色的袜子像画笔一样丰富了人们的生活，十分美妙。

◎ 图5-42　笔刷形袜子的包装设计

9. 立体思维

包装设计需要考虑从平面到立体的呈现效果，尤其是造型结构，更需要充分考虑多角度的效果，这样才不至于使做出来的样品与想象中的产品有天壤之别。

包装容器的设计需要满足很多功能，不同的包装容器使用不同的包装材料，各种包装材料的工艺不同，包含了科技成分，也包含艺术的审美，所以必须遵循如图 5-43 所示的 9 个设计原则，使包装设计达到理想的效果。

01 要符合产品自身的性质

02 要考虑产品的形态与重量

03 要符合产品的用途

04 要符合商品的消费对象

05 要符合环境保护的要求

06 要符合储运的要求

07 要符合陈列展示的要求

08 要符合与企业整体形象统一的要求

09 要符合当前的加工工艺条件的要求

◎ 图 5-43　包装容器结构设计的 9 个原则

如图 5-44 所示，这款产品会让人看到就会产生拿在手上试一试的冲动（因为人们会习惯性地把它当成饮料瓶，而饮料瓶是应该被拿在手里的），其包装的表层视觉没有亮点，选择透明的瓶体，是为了更多地展现茶叶本身的美感，瓶体的图案只是陪衬。这是典型的以少见多的设计方式，让产品说话、让产品在你手中说话，其他一切从简。

如图 5-45 所示为匈牙利某品牌香水的包装设计。这款香水的包装是一个

◎ 图 5-44　茶叶的包装设计

独特且高品质的化妆品包装，其颜色给人以优雅、精致的感觉，塑造了一个独特、典雅的品牌形象。

◎ 图 5-45　匈牙利香水系列的包装设计

5.3　店铺空间与陈列设计营销

在店铺空间与陈列设计方面，我们要为消费者创造一种激动人心而且出乎意料的体验，同时，又要在店铺的整体上维持清晰一致的识别。乔治·阿玛尼曾说："商店的每一个部分都在表达我的美学理念，我希望能在一个空间和一种氛围中展示我的设计，为消费者提供一种深刻的体验。"

店铺陈列设计是一个比较复杂的问题，它涉及美学、心理学、光学、声学等多门学科知识的综合运用。店铺陈列设计主要包括店铺的整体规划、门面设计、店内环境设计、店内布局设计和商品陈列设计等内容。店铺陈列设计对美化环境、树立店铺形象和吸引消费者的注意力有着极为重要的作用，是在开店时，店主必须努力办好的一件大事。

随着时尚消费品市场越来越成熟，以及信息技术在零售业应用的高速发展，现代店铺空间设计的风格越来越多样化，给消费者创造了不同的购物体验。在一个完整的零售空间中，消费者、商品、空间和

在一个完整的零售空间中，消费者、商品、空间和陈列始终是一个整体，这四个要素相互联动，做到视觉价值最大化，给店铺业绩的不断提升带来可能。

陈列始终是一个整体，这四个要素相互联动，做到视觉价值最大化，给店铺业绩的不断提升带来可能。

5.3.1　店铺设计的 5 个原则

店铺设计是一项具体而细致的工作，要考虑到经营者和消费者的双重需求，尽可能高效率地利用有限的空间展示商品，通过店铺的外观、形象、整体风格和内部设计为消费者提供舒适的购物环境，形成美好的购物体验。在进行店铺设计时，应遵循如图 5-46 所示的 5 个原则。

◎ 图 5-46　店铺设计的 5 个原则

1．容易识记原则

这是店铺设计的首要原则。一家不能让消费者轻易记住的店铺在设计上是失败的。店铺便于消费者识记，不但有利于吸引消费者进店购物，而且还减少了消费者二次购物的时间，有利于拉回头客。

因此店铺设计不宜过于繁杂，色彩要协调，标志要简洁易懂，这样有助于信息的迅速传递，深化消费者对店铺的记忆。

如图 5-47 所示为北京 Valextra 旗舰店的外观设计。从外观来看，高 10 米的外立面气势恢宏，一扇深古铜色大门镶嵌其中。

◎ 图 5-47　北京 Valextra 旗舰店的外观设计

从室内陈列设计方面来说，北京 Valextra 旗舰店宛如调色盘一般的色彩美学铺陈开，色彩柔和的展示架从天花板上垂悬而下，为店内营造出现代博物馆般的氛围。展示架由哑光涂漆金属、漆布和框架实木制成，鲜明地衬托着 Valextra 精美的皮具作品，如图5-48所示。

◎ 图 5-48　北京 Valextra 旗舰店内部的陈列设计

2．一致性原则

店铺的设计风格应当与店铺的市场定位、经营理念、品牌理念和产品风格保持一致。员工的衣着、行为、服务态度及服装档次、配套用品等要能传递店铺的经营理念和定位。遵从一致性原则有利于树立品牌形象，增强用户的信任感，从而吸引目标用户。

同时，店铺的设计风格应与周围的环境保持一致。位于现代繁华的商业街的店铺，与位于古朴的商业街和一般的商业街的店铺相比，设计风格应有所差异。

3. 差异化原则

服装店铺在进行设计时，必须把握差异化原则，使自己的店铺与其他店铺有差异。店铺只有设计出与众不同的形象，展示出自己的经营特色，树立个性化的风格、使用特色的装饰等，才能让消费者迅速地识别店铺的经营特色和风格。

营造独特的氛围，烘托所售商品的特色，是店铺装饰的原则。吸引消费者的零售店铺外部和内部环境的设计要依照经营商品的范围、类别，以及目标消费者的习惯和特点来确定，应以别具一格的经营特色，将目标消费者吸引到店铺里。要使消费者一看到店铺的外观，就驻足观望并产生进店购物的欲望；要使消费者一进入店内，就产生强烈的购买欲望和新奇的感受。

如图 5-49 所示为新加坡 In Good Company 服装店。简化比设计更难，该商店提供了一种休闲的购物体验，让人感觉像在浏览艺术画廊。这个开放式商店拥有三扇黑色框架，从地板到天花板的全轴门旋转打开，欢迎消费者进入，一系列超大尺寸的弧形墙面为服装创造了一种环境，而不是在一排排展示架上展示商品。这些柔和的曲面墙上的一些设计有轻微的扭曲，允许光线和阴影的微妙变化，作为衣服的背景。弯曲的墙壁设计有助于人们在视觉上将商品相互隔离，提高了对商品的关注程度。

◎ 图 5-49　新加坡 In Good Company 服装店

4．效率原则

零售店铺的内部环境如果设计得很科学，就能够合理地组织商品经营管理工作，使进货、存货、运输、销售各个环节紧密配合，能够节约劳动时间，提高工作效率，增加经济效益和社会效益。

要把握以上原则，就要在店铺设计时注意以下一些细节。

① 明确品牌定位 (年龄、职业、风格、价位、品种等)，追求自我 (品牌) 文化环境。

② 掌握消费购物习惯的走势流向，传播品牌视觉信息 (橱窗、图形等)。

③ 合理地分布有效空间，因势利导，让消费者自然步入品牌空间，浏览每件商品。

④ 点缀物品、道具等，使其必须吻合品牌环境的诉求，保持精致的搭配原则；注意色彩饰物的协调性或对比度。

⑤ 店铺的整体装饰要简洁而富于变化，棚顶、侧壁、橱窗等要紧紧围绕品牌定位、品牌标志等理念。

⑥ 卖场商品的陈列要丰富而不繁杂，简约而不空旷，整齐有形，多样而有序。

⑦ 营造舒适的氛围。哪怕一张沙发、一个挂钩、一只摇篮，也会让消费者感受到美好温馨。

⑧ 店内合理的照明、适度的音效，这些会给消费者一种轻松的视觉感受。

5. 人性化原则

服务大众的零售店铺的内部环境设计必须坚持以消费者为中心的服务宗旨，要力争满足消费者的多方面要求。充满人性的设计会使消费者感到被关心的亲切感。店铺的内部设计符合人体工程学，符合消费者的购物心理，配置方便消费者购物的设施，营造良好的购物环境和氛围，能够为消费者创造愉快的购物体验，使消费者牢牢地记住店铺，并产生口碑效应，促使店铺的美誉度和知名度广泛传播，从而扩大店铺的辐射范围。

消费者已不再把逛商场作为一种纯粹的购买活动，而是把它作为一种集购物、休闲、娱乐及社交为一体的综合性活动。因此，零售店铺不仅要有丰富的商品，还要创造舒适的购物环境，使消费者享受服务。

如图 5-50 至图 5-52 所示，位于上海的 Assemble by Réel 是一家男士时尚及生活方式概念店。在初涉其空间平面布局时，设计师将城市气质及年轻一代对时尚潮流的热情纳入思考。为最大化地利用自然光，设计师选择了半开放的平面布局方式，因产品陈列功能的不同打造了特色主题区域：教堂区、公园区、滑板公园区和艺术馆区。这一设计方案在优化自然光的同时，打通了不同分区之间的联系，最大化空间的整体效能，展现了年轻一代的消费者复杂、多样的生活方式，彰显了个人风格。精心构建一个流动空间，商店的布局旨在让消费者享受真正意义上的探索之旅。

◎ 图 5-50　教堂主题区域的休息区内侧的落地窗提供了景观视野

◎ 图 5-51　公园主题区域的谈话角复刻了公园的演奏台和展亭

◎ 图 5-52　滑板公园主题区域的试衣间的斜坡屋顶灵感源于充满张力的滑板坡道

5.3.2 店铺的外部设计

店铺的外部设计的表达要素有建筑形式、入口设计、招牌设计和橱窗设计等。

1. 建筑形式

店铺的立面造型与周围建筑的形式和风格应基本统一；墙面划分与建筑物的体量、比例及立面尺度的关系应适宜；店铺装饰的各种形式美因素的组合，应做到重点突出、主次明确，对比变化富有节奏和韵律感。

如图 5-53 所示，巴西 Mila 品牌时装店的设计理念是将家的氛围带入商业环境中，使用可为空间带来舒适感的自然元素，通过使用情感记忆让用户感到受欢迎，提高购物体验。MILA 时装店的外立面覆盖着石砖，"L"形的玻璃窗创建两个不同的展示空间，一个沿着一楼，一个垂直于二楼。

◎ 图 5-53　巴西 MILA 品牌时装店外立面设计

在入口设计时，入口位置、尺寸及布置方式要根据商店的平面形式、地段环境、店面宽度等具体条件确定。

在 MILA 时装店内，采用水泥的砖墙与木材、镜饰面形成对比；轻质衣架和由钢和木材制成的架子，与中心的木桌形成对比；天花板上的长方形灯与老式枝形吊灯相得益彰。在主展柜上，木格板创造了光影效果，为房间带来了风景。此外，使用再生木材、格子板、提花坐垫、巴厘岛地毯和亚麻窗帘，强化了该店的特色和舒适感，如图5-54所示。

◎ 图 5-54　巴西 MILA 品牌时装店的室内设计

2. 入口设计

一个商店的入口设计在一定程度上能够反映出其所售商品的档次。大型购物中心的入口设计一般以恢宏见长，小型专卖店则以纤巧取胜。商店的入口设计得别具匠心，能吸引消费者产生进店浏览的欲望。

商店的入口位置、尺寸及布置方式要根据商店的平面形式、地段环境、店面宽度等具体条件确定。商店的入口设计要和橱窗、广告、店徽等的位置尺度相宜并要有明显的识别性与导向性。一般来说，商店的入口不能设计得过小，商店的门是商店的"咽喉"，是消费者与商品出入与流通的通道。商店的门每日迎送消费者的数量多少，决定着商店的兴衰。商店的入口设计得过小，消费者进店的欲望就会在无形中被抑制。

如图5-55所示为宝格丽吉隆坡旗舰店。其透着金光的混凝土与树脂共同造就了带有大理石纹理的外立面，既彰显了该奢侈品牌的历史传承，又对传统材质进行了创新应用。

◎ 图5-55　宝格丽吉隆坡旗舰店

3. 招牌设计

富有创意的店铺招牌设计可以使商店看起来更加醒目，也可以很好地向消费者传达商店的经营理念，如图5-56所示。麦当劳快餐店的黄色弧形店牌标志已被世界各地的消费者认同。

招牌是否吸引人，首先看店名。店名要有特色，但不能离题太远，要使消费者通过店名就能够知道你所经营的商品是什么。也就是说，肉店的名称应该像是肉店的，食杂店的名称应该像是食杂店的。好的店名应具备3个特征：容易发音、容易记忆；能凸显商店的营业性质；能给人留下深刻的印象。

另外，店铺招牌应避免使用一些不常用的字。店铺招牌的作用是使消费者了解店铺的性质和经营内容，使消费者记住店铺并向其他人推荐店铺。如果店铺招牌使用生僻字故弄玄虚，也许会吸引几个猎奇者，但往往会使大部分消费者反感。

◎ 图 5-56　特色招牌设计

4. 橱窗设计

人们对客观事物的了解，有 70% 靠视觉，20% 靠听觉。橱窗陈列能在很大程度上调动消费者的视觉神经，达到引导消费者购买的目的。就像有人说的，"让消费者的眼睛在店面橱窗多停留 5 秒钟，你就获得了比竞争品牌多一倍的成交机会"。

橱窗设计有如图 5-57 所示的 6 个要点。

01 双重任务

02 强调销售信息

03 品牌文化展示

04 准确传递信息

05 适度控制信息

06 色彩与形态处理要具有较强的视觉冲击力

◎ 图 5-57　橱窗设计的 6 个要点

（1）双重任务

橱窗是传承品牌文化和销售信息的载体，促销是橱窗设计主要的目的。由于橱窗所承担的双重任务，因此针对不同品牌定位、季节，以及营销目标，橱窗设计的风格也各不相同。橱窗是商店的"眼睛"，橱窗作为商店形象的一部分，是传达商品信息的陈列空间，充当着消费者的顾问和向导。要想通过展示富有代表性的商品来反映商店的经营特色，那么橱窗是有力的表现工具。合理的橱窗设计，可使人产生一览全貌的效果。

（2）强调销售信息

有的橱窗设计重点在于强调销售信息，采用比较直接的传播方式，除在橱窗中陈列产品外，还放置一些带有促销信息的海报，使消费者看得明白，从而激发他们进店浏览的欲望。设计手法要简单、直白，其通常适合对价格比较敏感的消费群体或一些中低价位的服装品牌，以及品牌在特定的销售季节里，需要在短时间内达到营销效果的活动，如打折、新货上市、节日促销等。

（3）品牌文化展示

有的橱窗设计风格侧重品牌文化展示，除产品外，商业方面的信息较少，从而使橱窗呈现更多的艺术效果。其设计手法高雅，传播商业信息的手段比较间接，主要追求日积月累的品牌文化传播效应。这种橱窗设计手法比较含蓄，中高档品牌采用较多，比较适合注重产品风格和文化消费群的品牌，或在以提升和传播品牌形象为目的时采用。

（4）准确传递信息

传递信息必须做到准确无误，能确切地反映商品的特点和内涵。同类别的商品，在原料、质地或用途上都有很大的差异，设计就是要正确地发现并反映这种差别，使人不看文字说明，也能感觉得到。同样是服装，要区别开毛料和化纤；同样是药品，要区别开中成药和西药。还要注意陈列商品的典型性和完整性，以及各种文字、图片、型号、价格的准确性。

（5）适度控制信息

在信息爆炸的现代社会，人们每天都被大量的信息所包围。为了达到生理平衡，人脑往往会拒绝接收过量的信息，对与自己无关的事物视而不见、听而不闻。美国曾有这样一个调查：每个人每天从早上睁开眼睛到晚上睡觉，接触到各种商业信息最少为800条左右，最多时达1500条左右，但能记住的信息一般只有15～20条。而在这15~20条信息中，诉求单一的信息占大多数，可见诉求的单一性对各类信息的重要性。

视觉广告的信息具有类似"频率"的性质。"高频率"者，形态复杂多变，色彩热闹火红。"低频率"者，形态简洁明了，色彩单一朴素。如果消费者一直受"高频率"的刺激，就会产生刺激过剩而使兴奋衰退、视觉疲劳和迟钝，不利于消费者对商品信息的关注和记忆。

因此在进行视觉设计时，必须掌握适度的信息量和传达信息的主题，尽可能以少胜多，图形、文字要简明扼要，道具形式注重整体效果，舍去烦琐的细节，色调倾向明确，商品组合要得体，切忌盲目地堆砌。

（6）色彩与形态处理要具有较强的视觉冲击力

要使消费者在瞬间无意识的观望转为有意识的注意，引起消费者的视觉兴奋，并为消费者留下较深的印象，就要在设计中注意色彩与形态的处理。橱窗在色彩与形态上要具有较强的视觉冲击力，要带有鲜明、独特、奇异的个性。

要想获得以上效果，就要注意相关视觉因素，并合理地运用这些因素。比如，人的有效视区为30度以内，最佳视区为10度以内。因此，橱窗的横向长度不应过长，一般以 5~6 米为宜。同时，形态较小和烦琐的商品应有体积较大的道具衬托，并加以组织，相对集中。形态较大的商品应注意层次的安排，构图的色彩与形式亦应出现一个趣味中心，多趣味中心不但会造成视觉上的紊乱，而且会把重要的部分淡化甚至遗漏。此外，橱窗是一个立体的空间，还要考虑到消费者在各个角度的观看效果，并要根据行人的视线高低、目光扫视的习惯安排布局。如人们一般习惯于从左到右、从上到下扫视商品；人眼对左上象限的观察优于对右上象限的观察，对右上象限的观察优于对左下象限的观察，对右下象限的观察最差。

在橱窗设计上，要从橱窗陈列的商品主题出发，牢牢树立功能第一、形式为功能服务的正确观念，灵活地运用如图 5-58 所示的技巧。

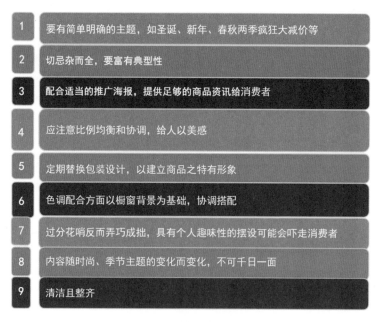

1	要有简单明确的主题，如圣诞、新年、春秋两季疯狂大减价等
2	切忌杂而全，要富有典型性
3	配合适当的推广海报，提供足够的商品资讯给消费者
4	应注意比例均衡和协调，给人以美感
5	定期替换包装设计，以建立商品之特有形象
6	色调配合方面以橱窗背景为基础，协调搭配
7	过分花哨反而弄巧成拙，具有个人趣味性的摆设可能会吓走消费者
8	内容随时尚、季节主题的变化而变化，不可千日一面
9	清洁且整齐

◎ 图 5-58　橱窗设计的 9 个技巧

如图 5-59 所示为 Paul Smith 三里屯太古里旗舰店。该店把设计师 Paul Smith 与他的父亲 Harold 的个人照片作为色彩缤纷的印花图案，印成巨幅海报，张贴于店铺正面的外墙，打造引人瞩目的橱窗展示效果。

◎ 图 5-59　Paul Smith 三里屯太古里旗舰店

5.3.3　店铺的内部设计

店铺的内部设计相对外部设计而言，涉及的元素更多、难度更大。其涉及的元素包括通道、柜台、色彩、灯光、音乐、商品陈列布局等。店铺的内部设计要遵循两大原则——突出商品特征和符合消费心理。

1. 突出商品特征

店铺设计是为商品销售服务的，检验店铺设计好坏的唯一标准是商品的销售情况。因此在店铺设计上，要遵循一切为商品服务的原则，突出商品特征，让消费者方便、直观、清楚地"接触"商品是首要目标。要利用各种人为的设计元素突出商品的形态和个性，而不能喧宾夺主。突出商品特征的陈列设计有以下5个要点，如图5-60所示。

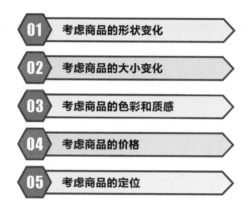

◎ 图 5-60 突出商品特征的陈列设计的 5 个要点

（1）考虑商品的形状变化

如果商品的形状变化多，空间显得活泼，但易杂乱。若所售商品的形象差异不大，在构思空间时应注重变化，否则会使人感到呆板。比如，鞋的造型变化不大，在陈列时，要充分利用空间和陈列装置的变化，营造生动的气氛。

（2）考虑商品的大小变化

商品大小的不同变化幅度造成不同的空间感，变化幅度大的商品，陈列起来造型丰富，但易造成凌乱，在进行商品包装设计时应强调秩序，减少人为的装修元素。变化幅度小的商品陈列起来整齐，但容易陷入单调，在进行商品包装设计时应注重变化，增加装饰元素。

（3）考虑商品的色彩和质感

电子产品一般色彩灰暗，塑料制品一般色彩鲜艳，这就要求店内的设计色调起到陪衬作用，尽量突出商品的色彩。此外，商品的质感也往往在特定的光和背景下才能凸显出特色，例如，玻璃器皿的陈列必须要突出其晶莹剔透的特色。

（4）考虑商品的价格

便宜商品的集中出现可以起到引人注意的作用，但过多的聚集也会让消费者产生"滞销"的猜测。因此，采用不对称的群体巧妙地处理会给人以商品"抢手"的错觉。贵重的商品必须严格地限制陈列数量才能充分显示其价值，并在商品的设计上追求高雅舒展的格调。

（5）考虑商品的定位

商品的定位不同，店铺的设计风格也不一样。商品的定位决定了店铺室内设计的风格。比如，同样是时装店，高档女装店就要设计得清新优雅，而青年休闲装店要强调无拘无束的风格，二者应截然不同。

如图5-61所示为位于北京市三里屯旧址旁边的亚洲首家高规格的苹果旗舰店。其创意灵感源于中国传统艺术景泰蓝与宝相花，用抽象的纹理绘制在玻璃上，图案随着光影变换，营造出立体氛围，肉眼可见珐琅的效果。另外，该店采用了最新的零售店设计概念，整体分为提供 Today at Apple 课程服务的互动坊、一个极佳的观景平台的景廊和为企业客户服务的商谈室等区域。

◎ 图5-61　亚洲首家高规格的苹果旗舰店

2. 符合消费心理

一般来说，在进入商店购物时，大多数消费者要经历一系列的心理活动，尽管有时表现得没那么明显。我们在商店室内设计中应就消费者的心理活动制定对策，从而吸引和帮助他们顺利地实现购物。符合消费者心理的4个陈列要点，如图5-62所示。

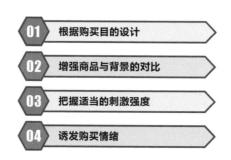

◎ 图 5-62　符合消费者心理的 4 个陈列要点

（1）根据购买目的设计

商业心理学将消费者分为3类。

① 有目的的购物者。他们在进店之前已有购买目标，因此目光集中，目的明确。比如，药店的许多消费者是有目的的购物者，所以，药店的室内布局应以功能为先。

② 有选择的购物者。他们对商品有一定的关注范围，但也留意其他的商品。虽然他们动作缓慢，但是目光较集中，在一定范围内，选择性地购买，比如，在文具店、食品店等。在进行这些店铺的内部设计时应注重条理和秩序。比较选择购买的其他行业店铺，如时装店、珠宝店，应使环境富有吸引力。

③ 无目的的参观者。他们去商店时，没有一定的目标，动作缓慢，目光不集中，行动无规律。无目的购买的行业店铺如饰品店、玩具店。在进行店铺的内部设计时应该注重突出商品的效果，激发参观者的购买欲望。

（2）增强商品与背景的对比

商店内的各种视觉信息很多，但是消费者在短时间内只能选择少数商品作为识别对象。根据视觉心理原理，对象与背景的差别越大，越易被感知。因此可以用无色彩的背景来衬托有色彩的商品，在颜色较暗的背景中摆放颜色较亮的商品。

比如，在室内设计中采用暗淡的色彩，并进行低度照明，用投光灯把光线投射到商品上，使消费者的目光被吸引到商品上。又如，深色的墙面衬托浅色的商品，而深色的商品以浅色货架为背景，用于突出商品。

（3）把握适当的刺激强度

所谓过犹不及就是当刺激超过了一定的限度时就起不到作用了。实验表明，从关注的数量来看，注意可能性的减少要比人们所预料的快得多。增加第二块招牌并不会把第一块招牌被注意的可能性减少一半，而增加第三块招牌的影响就大了。一般人们的视觉注意范围不超过 7 个信息，比如，在短时间内呈现的字母，一般人们只能看到大约 6 个。因此，我们在室内设计中要合理地确定商业标志和广告的数量、柜台的分组数量和空间的划分范围等，要把握适当的刺激强度。

（4）诱发购买情绪

很多时候人们的购买行为是情绪作用的结果，我们经常听到朋友抱怨："一时冲动，又买多了。"这就是人们的购买情绪在发挥作用。在陈列设计中可以采取以下手法诱发购买情绪。

① 引发兴趣。新颖美观的陈列方式及环境设计能使商品看起来更诱人。国外的商业建筑十分注意陈列装置的多样化，往往根据不同的商品来设计不同的陈列装置，让商品的特点得到充分的展示，从而引发消费者驻足观赏商品的兴趣。

② 诱发联想。很多体验营销走的就是这个路子。通过直观的商品使用场景，诱发消费者对使用该商品效果的联想，从而刺激消费者的购买欲望。儿童用品将儿童玩具等布置在一个儿童室中的形式，比分类陈列的方式生动得多，可以使消费者身临其境。

③ 激发欲望。要注意背景的气氛烘托，因为美观的陈列形式与环境、商品一样诱人，甚至比商品更诱人，它们可以使商品获得充分的展示，能够激发消费者的购买欲望。

④ 促进信赖。店铺室内设计的风格要与商品的特性吻合，这样能够增加消费者对商品的信赖度。比如，传统风格的中药店铺要比现代风格的中药店铺更让消费者信赖，相反，造型新颖的时装店铺会更有吸引力。

如图 5-63 至图 5-65 所示为瑞典斯德哥尔摩 Gina Tricot 品牌店。品牌实体商店在消费者的生活中扮演着非常重要的角色，它是人们的社交场所，而在当今社会中，互动与社交就意味着消费。因此，品牌店的最终设计不仅要为消费者提供一个舒适的购物体验，还要成为人们享受闲暇时光的聚会场所。设计师没有预先将消费者的购物路线设置好，而是希望让消费者自己选择想要去的商品区域。通过店内装饰的色彩、透明度、镜面和纹理，商店的室内空间吸引着消费者前去探索，并在探索中发现自己心仪的服饰。

3. 通道设计

通道是引导消费者购物的行动路线，其设计的好坏直接影响商品的陈列数量、店铺的面积利用效果。良好的通道设计能够全面有效地展示商品，使消费者在店内滞留时间延长，是卖场营销的关键。一般主通道的宽度不要小于 120 厘米，次通道的宽度不要小于 80 厘米，形象背景板要正对主入口或主通道。

◎ 图 5-63　白色调的室内服饰陈列区

◎ 图 5-64　中心服饰展示区使用特殊　◎ 图 5-65　小食饮品吧为消费者创造
镜面材料在室内光线下形成斑斓的　　　　　休闲放松的聚会空间
色彩效果

在进行通道设计时，应当先考虑如何最大化地展示商品，使商品
形成对消费者心理与视线的双重包围。一般来说，要按照消费者习惯

的浏览路线来设计店内的主通道。大型店铺的通道常设计为环形或井字形的；小型店铺的通道则设计为 L 形或倒 Y 形的。其中，热销款商品和流行新品应摆放在主通道的货架上，以便使消费者容易看到、摸到。

副通道一般由主通道引导，用于布置辅助款及普通款商品。具体的方案一般参照店铺自身的需求及空间特点制定。

收款通道则应置于主通道的尾部，同时结合视觉识别对标志、代言人等品牌标志物进行重点宣传，争取在最后一关对消费者的视觉形成冲击。

4. 货柜设计

货柜要给人整洁的感觉，柜台的设计要统一，在一个店铺内，最好不要出现多种规格和色彩的柜台，否则会给消费者留下杂乱无章的印象。单一规格的柜台整齐地摆放，自然而然地形成一条通路的感觉，会让消费者产生一种继续往前走的心理暗示。

柜台不宜摆在店铺的出口处。有些商店为了促销商品，往往在出口处摆设柜台，目的是使消费者一踏上楼面就能看见商店所推销的商品，以增加出售商品的可能性，但这种做法往往会使一些消费者故意绕开这个柜台。

5. 色彩布置

色彩对完善店铺的设计效果、营造购物氛围具有重要作用。卖场布置的色彩要统一，商品和装修色彩要和谐地融为一体，让人一眼就能看出你的卖场的主色调。但这里说的统一不是让商品和装修色彩完全一致，那样会让卖场显得很单调、呆板，应该让局部的色彩有对比并服从整体色调。

商品展示的背景颜色也是一个值得考虑的因素。和谐的背景颜色会对商品起到良好的衬托作用。例如，我们经常会看到首饰专柜用黑色材料来做背景，就是因为黑色背景会使首饰更加醒目。为突出店铺的识别性，店铺的名称、标徽图案及标志物等可采用和主色调差异度较大的颜色，给人以醒目的展示。

如图5-66所示为西班牙的创意咨询公司Masquespacio为Doctor Manzana（西班牙语中Manzana意为苹果）这家智能手机技术服务及手机配件商设计的实体店，通过空间传达品牌在技术领域的价值，但同时混合的色彩也吸引了从科技狂人到时尚博主的不同类型的公众。

◎ 图5-66　西班牙Doctor Manzana智能手机服务实体店的色彩设计

无印良品在大阪开设的大型生鲜商店，有各式各样的美食，由于品类众多，生鲜商店需要清晰的导视系统。如图5-67所示，设计师设计了不同颜色的标牌，将商店内部分为普通食品销售区域和生鲜食品销售区域，红色代表普通食品销售区域，深灰色代表生鲜食品销售区域，而收银区则用白色标牌标识。

◎ 图5-67　设计师设计了不同颜色的标牌区分商店的区域

6. 灯光氛围

商店布置一些灯光可以增强商品的色彩与质感。适宜的光束还可以增加陈列商品背景的空间感。要结合品牌形象及产品特性，设计恰当的光线氛围。

自然光会随着时间的流转而变化，所以在进行店铺设计时，应当先进行初步的采光调查，使光线能够随着太阳的运转对店门附近、卖场前沿进行不同时地照射，达到吸引消费者的效果。

相对自然光，店内的灯光设计可以达到长久不变的照射效果，灯光设计要注意一些重点。

（1）基础照明

基础照明主要是为了保证店铺内的基本光线，同时使店内色调保持统一，使店铺内的陈列形成整体延展。一般有嵌入式（如地灯、屋顶桶灯）、直接吸顶式照明两种方案。

如图 5-68 所示为北京芳草地 Pvg 精品店设计，店铺上方的天花板如同一个光盒，散发着均匀的白光。

◎ 图 5-68　基础照明

（2）重点照明

重点照明不仅可以使产品形成一种立体的感觉，同时光影的强烈对比还有利于突出产品的特色。对于流行和热销产品而言，应用重点照明显得十分重要。

重点照明还可以运用于橱窗、标志、品牌代言人、店内模特上，用于增强品牌独特的效果。特别是模特、点挂这些单件展示，一定要用射灯烘托。常用的重点照明器材有射灯、壁灯，如图5-69所示。

◎ 图5-69　重点照明

（3）辅助照明

辅助照明的主要作用在于突出店内的色彩层次，渲染五彩斑斓的气氛与视觉效果，辅助性地增强产品的吸引力与感染力。可用的照明设备较多，如图5-70所示。

◎ 图5-70　辅助照明

（4）灯光色调

不同色调的照明可以带来不同的购物氛围。如果想提高消费者的兴奋度，不妨使用暖色调的色彩照明；如果要展示经营场所的安定，则可以使用冷色调的色彩照明。另外，淡绿色的光能让人感到柔和、明快；玫瑰色的光给人以华贵、优雅的感觉。冷色调的色彩环境用荧光灯的效果更好，暖色调的色彩环境可以用白炽灯。

总体而言，店内的灯光设计可以使你的商店富有个性化与艺术气息，通过各种光线的交叉性照射消除视觉死角，保证陈列的最佳效果，从而突显品牌的特色与产品的魅力。

如图 5-71 所示为 2019 年印度新德里爱马仕"追求梦想"的主题橱窗。设计师用线和花边制成坚固的摆架，明亮的灯光照在爱马仕的精致配饰上，出现了柔和、梦幻、轻盈的场景。

◎ 图 5-71　印度新德里爱马仕"追求梦想"的主题橱窗

如图 5-72 所示为香奈儿的橱窗，整个橱窗的背景超级简约，将塑胶模特放置在木架框板的黄金分割线上，灯光聚焦在塑胶模特身上，将人们的目光一下子就聚集到了塑胶模特身上。

◎ 图5-72　香奈儿的橱窗

7. 背景音乐

当你在电视上看一场球赛直播时，如火如荼的比赛场面会让你一秒钟都不舍得离开电视机前，其中插播广告的时间就理所当然地成了你上卫生间或拿饮料的唯一机会。

即便如此，你肯定还要在视线离开屏幕时，努力地听着电视发出的所有声音。这个时候，你会发现，即使你看不到电视里播放的广告，广告的内容也依旧会通过声音有效地传播到你的脑海中，此刻，声音就成了营销的媒介。

曾经在央视的天气预报节目前，十几遍"羊羊羊"的声音回放，几乎让每个人都记住了恒源祥品牌。同样，英特尔（Intel）经典的开机音："灯！等灯等灯"，让英特尔品牌深深地烙入了几代人的脑海里。

这就是听觉营销直接的输出效果。品牌对于消费者而言，是一个多维度的感知系统，有的品牌着力视觉的传播，让画面成为品牌的展板，有的品牌则选择了把声音作为媒介，来连接消费者。

但是在人们的注意力分散、媒介碎片化的今天，画面的营销固然重要，而声音的无孔不入似乎更甚于画面的一孔之见。例如，58同城网页具有多变的视觉展示，而杨幂的卖力大喊才真正地让58同城成了"一个神奇的网站"。

同时，根据人类的记忆规律，单纯诉诸听觉的记忆率为15%，单纯诉诸视觉的记忆率为25%，而当二者相加时，本应该为40%的记忆率则会被叠加效应提升为65%，如图5-73所示。

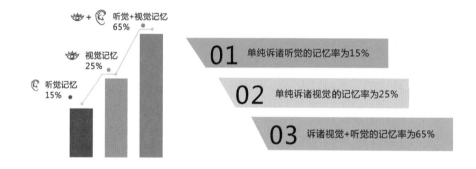

◎ 图5-73　不同记忆方式的记忆效应

显然，当画面遇到声音，二者碰撞出的火花才是比较有效的营销输出渠道。因此，越来越多的品牌开始重视声音对营销效果的影响。在实体商业空间，声音对营销效果的影响似乎更显著。它不仅能带动销售业绩，还能在一定程度上营造独一无二的氛围，增强品牌记忆与竞争力。在不乏商业项目的今天，如何在市场中脱颖而出、在消费者中形成自己的定位已经至关重要。而一些项目选择把声音作为塑造品牌印象的有力武器。在W酒店，EMIX版的欧美流行音乐配合一波波炫酷的室内设计，会让走入酒店的客人瞬间将酒店的印象定位为潮流时尚。

在无印良品实体店内，柔和的背景音乐会让人们不由自主地放慢脚步，停下来享受这暂时的休憩时间。人们更多的停留时间带来的自然是更多的效益，人们在享受静谧的同时，避免不了要在细细的浏览中产生消费的欲望与行为。而在这个消费的过程中，声音显然主导了人们的消费节奏。

一项关于店铺背景音乐对消费行为影响的研究报告指出，慢节奏的背景音乐会使消费者在店内产生较慢的步伐、较长的停留时间和较高的消费金额。因此，你会发现，很多购物中心和奢侈品牌店在播放背景音乐时，倾向于选择节奏较舒缓的音乐。慢节奏的背景音乐，让人们在放松精神、充分享受购物场所营造的舒适氛围的同时，也在无形中延长了人们在店内的停留时间，一旦人们愿意停留下来，那么，消费的机会便随之而来。

不过，对年轻人来说，慢节奏的背景音乐不一定能促进他们的消费。相反，在一些以年轻女性为主要客群的时尚店铺及快销品牌店铺里，播放潮流、前卫的新奇音乐更能调动她们的情绪，刺激她们消费。此外，一项研究结果表明，店铺在开展促销活动时，快节奏的背景音乐会给消费造成一种"来不及"的感觉，对消费者起到心理暗示的效果，"怂恿"他们快快买单。所以，每当品牌店或商场开展促销活动时，店内所播放的一定是节奏感极强的音乐，似乎在催促消费者赶紧下手，错过将不再有机会。

无论是在品牌商品的营销输出时，还是在实体商业营销时，声音所带来的听觉营销所起到的作用已经不容小觑。它不仅能加深消费者对品牌产生的印象，还能在一定程度上营造独一无二的氛围，从而带动销售业绩。在市场日益紧缩的当下，对实体店而言，听觉营销俨然成了改变消费行为的重要工具。

在确定背景音乐的曲目时，要综合考虑如图 5-74 所示的 4 点要求。

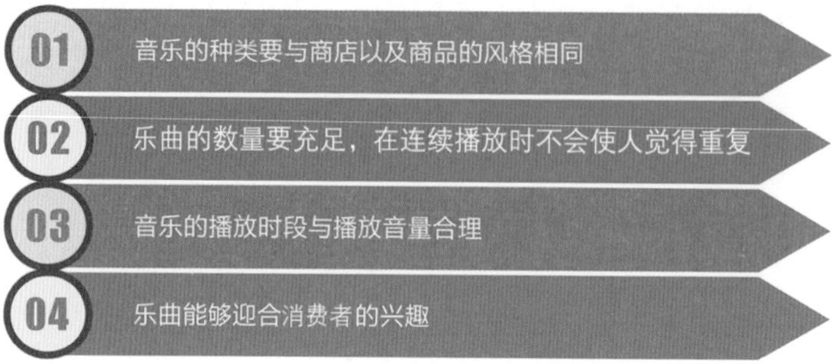

01 音乐的种类要与商店以及商品的风格相同

02 乐曲的数量要充足，在连续播放时不会使人觉得重复

03 音乐的播放时段与播放音量合理

04 乐曲能够迎合消费者的兴趣

◎ 图 5-74　选择播放背景音乐曲目的 4 点要求

第6章

全渠道数字化营销

"品牌价值不再由品牌方来定义，而是由消费者的口口相传决定的。"Intuit 公司联合创始人 Scott Cook 表示。

纵观历史，我们很擅长讲故事，虽然我们很容易忘记事实和数据，但是可以在听过一个故事后将其复述。讲故事是整个设计流程中不可或缺的组成部分。设计人员在与品牌、市场营销人员合作时，能否把一个感染力十足的故事讲好是设计成败的关键因素，这不仅有利于增强产品与用户之间的情感联结，还能极大地提升品牌辨识度和销售业绩。

设计师所处的角色正在发生巨大的改变——今天，我们有责任为全世界面临的难题提供解决方案。我们需要思考科技与人类需求之间的关系，观察消费者的需求，我们不难发现，很多事情正在发生改变，人们的消费价值观已改变。从前，人们看重的是对产品的所有权和产品带来的财富象征。但是在当下和未来，人们却希望拥有越来越少的物品，并且更愿意为有利于可持续发展的产品或服务买单，体验越发被人们看中，而非物质。精神上的愉悦成为人们新晋的奢侈品，品牌方需要思考如何更好地支持消费者对新生活方式的体验需求，并通过提供情感联结的方式传递自己的品牌价值观。

讲故事是整个设计流程中不可或缺的重要组成部分。能否把一个感染力十足的故事讲好是设计成败的关键因素，这不仅有利于增强产品与用户之间的情感联结，还能极大地提升品牌辨识度和销售业绩。

6.1　全渠道数字化营销的特点

有这样一组调查数据。

在一天中，有 90% 的消费者从一个屏幕跳到另一个屏幕。

在以零售商为主的用户中，有 73% 的用户使用多个渠道进行购物体验。

当消费者进行重要采购的时候，80% 的消费者会先在网上了解，然后在实体店内购买。

89% 的媒体消费者来自移动应用，90% 的消费者在设备之间移动以达成一个目标。

全渠道消费者花费多于在线直销，前者的占比是 93%。全渠道消费者花费是仅在实体店内消费的 208%。

品牌通过全渠道策略获得的留存率是 89%，85% 的零售商表示，全渠道销售是他们的首要任务。

最终我们可以得出结论，如今消费者的购买是全渠道的。以化妆品消费为例，消费者在微博上了解品牌发布的新款产品，在线下体验后决定购买，并在天猫商城下单，在收到商品后使用商品附赠的优惠券复购。

随着数字化时代的来临，企业与消费者之间的连接需求呈现几何式增长趋势，为企业提供了更多的发展机会。但令企业"痛并快乐"

> 企业应建立完善的全渠道体系，实现在线上、线下全触点和消费者的连接，对应消费者的购买流程，实施有针对性的营销策略，最终影响消费者的购买决策。

的是，面对线上、线下营销渠道日渐多元化，消费者的需求不断升级及零售场景不断拓展，导致以往的用户互动方式、互动频率、互动渠道几乎完全失效。为捕捉不断变化的消费者诉求，企业的全渠道数字化转型势在必行。企业应建立完善的全渠道体系，实现在线上、线下全触点和消费者的连接，对应消费者的购买流程（用户洞察、营销策划、用户触达、用户转化、用户运营），实施有针对性的营销策略，最终影响消费者的购买决策。

全渠道数字化营销有如图 6-1 所示的 3 个特点。

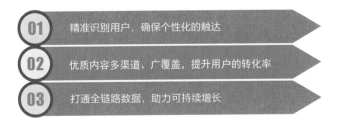

01 精准识别用户，确保个性化的触达

02 优质内容多渠道、广覆盖，提升用户的转化率

03 打通全链路数据，助力可持续增长

◎ 图 6-1　全渠道数字化营销的 3 个特点

1. 精准识别用户，确保个性化的触达

传统的用户洞察是由市场调研机构主导的，是以访谈、问卷调查等形式了解用户需求的。在全渠道趋势下，用户触点增多且分散，使用传统的调研方式，企业会越来越难以把握用户画像。同时，全渠道带来的数据分散、割裂问题，导致企业难以形成统一的用户画像，从而影响企业营销策略的制定和营销活动的开展。

针对这些问题，企业可以通过大数据整合线上、线下的用户数据，将用户的基本属性特征、生活方式、消费习惯、兴趣爱好、消费行为、活跃渠道等信息集中起来，形成统一的用户画像，根据不同的用户画像进行更加个性化的触达，从而优化用户体验，提升用户对品牌的好感度，进而增加用户转化的可能性。

2. 优质内容多渠道、广覆盖，提升用户的转化率

在消费者购买决策过程中起决定性作用的，除了商品本身，往往还取决于消费者所触及的消费及生活场景中的营销信息。

例如，随着社交媒体的兴起，广告形式从传统的电视广告、户外广告、纸媒广告等，衍生出以图文、直播、短视频为主的多样化的营销内容。无论是电梯广告、休闲娱乐的各类 App，还是电视或者视频网站……消费者在一天之中，会接触到各类营销信息，这使得消费者越来越难被打动。因此，对品牌主而言，如何创造出打动消费者的优质内容显得十分重要。

（1）用数据创造内容

采用全渠道的数字化营销，可以利用多维度的智能大数据来对用户进行精准识别。针对不同属性的用户，为其打上相应的标签，描摹用户 360 度的立体画像。依据用户画像，自动为其推送合适的、相关的、可能感兴趣的内容，进一步提升用户对企业的认知，最大可能地抓住销售转化的契机，如图 6-2 所示。

以某酒店 App 为例，在用户使用这个 App 后，会产生大量的用户行为数据。通过页面数据分析用户偏好，有些用户会大量地阅读评论，有些用户喜欢浏览照片，有些用户则对酒店的位置比较在意，该酒店 App 会按照不同用户的行为匹配个性化的内容。

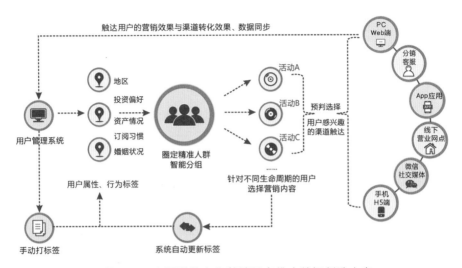

◎ 图6-2　全渠道数字化营销用多维度数据创造内容

（2）用数据指导内容投放

过度的营销很可能会造成消费者的疏离，所以，把握内容营销的节奏很关键。利用数据驱动的洞察力，可以研究用户的行为习惯，判断哪些时段适合与用户进行交流互动，那么就要把握好该时段营销的黄金时间，并设置最佳推送时间，增加内容的曝光量。

如果企业考虑将广告内容投放到微信上，该平台上用户的高峰期在人们上班前、下班后，那么在上班时间段，可以做次要的内容营销，在用户流量较多的时候，分享核心的营销内容，这样才能有更好的转化效果。

（3）可视化数据监控

关注内容触达用户后的转化情况很重要。通过大数据对营销过程的监测，从曝光量、点击量、打开内容页面到购买量，对每个营销环节进行实时监测和数据分析，让每一次营销操作不只是停留在阅读量和曝光量上，还注重于用户的积累量和转化量，以便指导后续营销活动的开展。

3. 打通全链路数据，助力可持续增长

品牌商的预算已从品牌广告向效果广告迁移，品牌广告的投放量呈现下滑趋势。这一转变意味着品牌商更加看重广告投放的投资回报率，评估指标为用户点击率、购买转化率等。

由于品牌广告无法监测用户转化的全链路，即投放的渠道、点击量、转化量、转化线索，这些数据的收集一直以来都是困扰企业的一大难题。

而全渠道数字化可以实现广告投放及效果数据的全面打通，让跨场景、跨渠道的品牌推广变得可沉淀、可追溯、可优化、可持续，将以品牌为维度的消费者数据资产储存起来，进而推动品牌可持续发展。

需要注意的是，全渠道转型的工作涉及业务架构、流程、系统等多个方面。所以要想实现全渠道转型，需要做好充分的准备，比如，企业必须具备强大的技术支撑、充分的人员配置、足够清晰的战略等。只有这样，才能以正确的姿态拥抱全渠道数字化营销时代。

6.2　案例

6.2.1　可口可乐的营销策略

2018 年，市场上出现了可口可乐一类的碳酸性饮料"不健康"的说法。同时，可口可乐的竞争对手百事可乐和其他一些新兴品牌对整体饮料市场的分割，使可口可乐公司有一种腹背受敌的感觉。

因此，可口可乐公司在营销上的动作不断，连续出招，从千变

万化的瓶身创意到借势世界杯热点，从致敬改革开放 40 年的怀旧营销到致敬经典电影及引领时尚潮流的跨界营销，化解了一场又一场危机。可口可乐品牌方告诉消费者："我不仅是潮流符号、文化符号，还是生活符号。"与此同时，可口可乐公司通过拓展多元化的产品线，扩大市场占有率，力图争取更多新一代的饮料消费者。

相关权威数据显示，尽管可口可乐公司 2018 年的收入由于重组和汇率下跌而减少，但是可口可乐公司连续 6 个季度实现了长期目标内的收入增长，取得的可观的成绩与可口可乐公司在市场上的这些营销策略息息相关。

1. 春节五福临门

2018 年春节，可口可乐公司与支付宝合作推出"福字福娃图"的活动，即用户只要用支付宝 AR 扫一扫可口可乐新春包装，便可进入"扫福娃，赢惊喜"的活动页面，可以随时随地"召唤福娃现身"。除能扫出现金、礼券外，可口可乐公司还特地设计了福娃"阿福"和"阿娇"一系列表情包免费赠送给用户。

这是一种我们常见的、简单粗暴的"撒钱"营销方式，但可口可乐公司把这次的营销活动设计得很精妙。

① 群众自发场景化营销。由于人们只需用支付宝 AR 扫一扫可口可乐新春包装即可领取奖励，因此在超市中的可口可乐专柜，许多人都在现场扫码领奖，甚至出现了"扎堆扫码"的情况。有些消费者原本没打算购买可口可乐，但如果扫码后得到的礼品比较满意，他也会将扫过码的可口可乐放入购物车中。当然，可口可乐要的并不是春节期间的销量，他们的目的在于让消费者将品牌与"福"紧密地联系在一起。

② 表情包传播。玩表情包是老年人和年轻人都很喜欢的一种聊

天方式。可口可乐公司赠送的"福气"表情包既符合了中老年人的审美，也让年轻人有了一种新奇感。另外，在许多表情包套装收费的情况下，可口可乐公司免费让用户下载一套表情包，让一些人在春节期间有了一种"小幸福"的感觉。

③ 瓶身祝福。可口可乐公司注重根据时节对可口可乐瓶身的设计，抓住了中国人喜欢祝福语和年轻人喜欢新奇事物的特点，在可口可乐瓶身设计了许多有新意的祝福语，全套祝福语共 23 种款式，在香港发售，如图 6-3 所示。瓶身营销一直是可口可乐的特色，从昵称瓶、歌词瓶到台词瓶、城市罐等，瓶身已经成为可口可乐品牌特有的传播媒介。

◎ 图 6-3　可口可乐在香港发售的新春祝福语瓶身设计

2. 借势世界杯

2018 年，第二十一届俄罗斯世界杯是球迷们的盛宴，可口可乐公司牢牢把握住了这样一个绝妙的营销机会。

为此，可口可乐品牌策划了为期近两个月的活动，先是推出了可口可乐手环瓶，购买者只需要将可口可乐瓶贴沿着虚线撕下，组成圆环贴合，就可以让其成为手环。在上市的手环瓶中，共有 31 支不同球队的手环。不仅如此，可口可乐公司还围绕手环打造了动作简单酷炫的手环舞，任何一个球迷都可以撕下手环进行个性化演绎，由 Remix 版可口可乐世界杯主题曲作为手环舞 BGM，不断强化用户对可口可乐的品牌记忆。

在这期间，可口可乐的代言人积极地与粉丝互动，再由抖音扩散产生病毒效应。最终，这一视频获得了 975 万次观看量，有 4 万条评论和 27 万次转发，可以看出，这波借助名人效应传播的效果显著。可口可乐公司通过借势世界杯，基于风格多样的多重玩法让品牌始终保持热度，如图 6-4 所示。

◎ 图 6-4　可口可乐公司借势世界杯集手环活动

3. 致敬改革开放 40 周年

为了致敬我国改革开放 40 周年，可口可乐公司推出了一支电视广告片，这个广告片是由意大利定格动画大师 Dario Imbrogno 亲自"操刀"的，以 10 年为 1 个单位，将 40 年用 4 个单位的典型事件与人物串联，唤起了不少人的记忆。

与此同时，可口可乐（中国）公司联合央视财经推出了一款迷你罐限量礼盒，整体主色调与改革开放的中国红相呼应，如图 6-5 所示。礼盒内有 4 罐迷你可乐、硅胶垫、贴纸册和镊子，并附有迷你罐玩法教程。较特别是其中的一本插画贴纸图册，其以回顾中国改革开放 40 年的"大事记"为主题，用户可以将图册中自己喜欢的贴画，

DIY 成专属的罐身。这一波"回忆杀"可谓用心良苦。

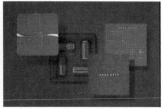

◎ 图 6-5　可口可乐联合央视财经推出的迷你罐限量礼盒

4．"健康"新路线

这几年，针对可口可乐这一类碳酸饮料的抨击性文章越来越多，不健康成了人们对可乐的第一印象。人们的这一观念显然对可口可乐的销量造成了很大的影响。

为了摆脱"肥宅快乐水"这一称号，2018 年 6 月，可口可乐公司推出了两款添加了"膳食纤维"的碳酸饮品——"网红"和"网绿"，分别代表"可口可乐纤维＋"和"雪碧纤维＋"，并打出了"每瓶含有相当于 2 个苹果的膳食纤维""不含糖"等口号。为了迎合年轻人越来越"佛系"的生活理念，2017 年，可口可乐公司还在日本推出了减肥神器——Coca-Cola Plus，一经推出就火遍了互联网，如图 6-6 所示。

◎ 图 6-6　可口可乐推出的健康新饮品

2018 年 10 月，可口可乐公司发布了该年第 3 季度的销售报告，其中有机销售额上涨了 6%，而以健康作为卖点的无糖可乐、茶饮甚至纯净水等产品的营销业绩优越。

5. 跨界营销风生水起

可口可乐公司在跨界领域风生水起。2018 年初，可口可乐与韩国彩妆品牌 The Face Shop 联名，推出了一套可乐风十足的彩妆，包括 9 色眼影盘、气垫 BB 霜、粉饼、唇膏、唇釉和染唇液 6 个品类，如图 6-7 所示。之后，可口可乐公司联手国内潮牌太平鸟亮相纽约时装周，在社交媒体上引发了不小的轰动，如图 6-8 所示。2018 年 3 月，这一系列联名款在线上旗舰店及线下门店陆续上架，包括 T 恤、衬衫、短裤、外套、连帽卫衣等，其设计风格延续了可口可乐品牌百年来无比经典的标志字体。

不难看出，可口可乐将自身的元素印制在衣服、鞋子、箱包、化妆品等各类快销时尚产品上，是为了更大范围地传播可口可乐的品牌文化。

◎ 图 6-7　可口可乐与韩国彩妆品牌 The Face Shop 联名推出的彩妆

> ASMR：一个描述感知现象的名词，通过对视觉、听觉、触觉、嗅觉或者感知上的刺激，从而使人在颅内、头皮、背部或身体的其他部位产生独特的、愉悦的、舒适的刺激感。

◎ 图 6-8 　可口可乐联手国内潮牌太平鸟亮相纽约时装周

6.2.2　苹果 ASMR "先声夺人"的营销策略

ASMR 是 Autonomous Sensory Meridian Response 的缩写，意思是自发性知觉经络反应，也有人将其简单描述为"颅内高潮"。它是一个描述感知现象的名词，通过对视觉、听觉、触觉、嗅觉或者感知上的刺激，从而使人在颅内、头皮、背部或身体的其他部位产生独特的、愉悦的、舒适的刺激感。对于大众而言，这个学术名词可能有些陌生，但在生活中其并不少见，例如，嚼薯片、吃酥脆炸鸡，或者有人在你耳边温柔地细语，这些声音都会让人放松并产生舒适感，而这些心理和生理现象背后所起作用的因素就是 ASMR。

谷歌趋势（Google Trends）数据显示，ASMR 在全球范围内的搜索量渐涨，其中，2017 年至 2018 年的搜索量涨幅最大。在 YouTube 上，有超过 1000 万个与 ASMR 相关的视频，一个吃炸鸡与薯条的视频，播放量超过 2700 万次。在国内，ASMR 吸引了大量的年轻人，在视频网站 Bilibili 上，与 ASMR 相关的视频超过千个，播放量较高的达到 150 万次。

随着 ASMR 走红，它吸引了一群数量庞大的年轻群体，具有很大的流量效应和商业价值。于是在广告行业，不少品牌开始使用 ASMR 进行广告创意的尝试。无论是肯德基还是宜家，它们的 ASMR 广告通过声音来展现产品的味道与触感，直接刺激了产品的销量，取得了不错的成绩。

1. 营销目的

宣传一部手机的拍照功能多强大，没有哪个广告能比用它拍出来的作品更有说服力。苹果的"Shot on iPhone"系列一直服务于这一营销目的。苹果手机借助 4 则 ASMR 广告，想让观众通过耳机获得听觉享受，从而凸显 iPhone XS 系列手机的收音与录像功能，如图 6-9 所示。

◎ 图 6-9　苹果 ASMR 广告营销活动

2. 目标用户

企鹅智库于 2019 年 1 月发布的报告显示，在苹果用户中，一线城市占比最高，女性用户占比为 53.6%，略高于男性用户的占比。年龄分布上，20 ~ 29 岁的用户占比为 33.8%，30 ~ 39 岁的用户占比为 34.1%，19 岁以下的用户占比为 10.7%，整体用户仍以年轻消费者为主。同样，在互联网上，ASMR 有着数量庞大的狂热追随者，而且在这些追随者中，以 20 岁左右的年轻人为主。吸引这些年轻受众也是苹果发布 ASMR 广告的原因。

3. 营销策略

近几年，在手机领域，拍照功能几乎成了所有手机品牌共同追求的卖点。苹果从 iPhone 6 时期一直延续"Shot on iPhone"全球营销活动，收集整理世界各地业余或专业摄影师们使用 iPhone 捕捉的优秀摄影作品，并开创线上画廊。同时，品牌还直接将摄影作品拓展到世界各地的户外广告牌做宣传。苹果也成功借由这次活动，向全世界用户证明 iPhone 的超强拍摄功能。

作为苹果公司"Shot on iPhone"营销活动的一部分，以 ASMR 为主题的这一系列短片，区别于以往苹果品牌的广告大多以产品展示和功能展示为主，主打"听觉同感"，在 ASMR 创造的安静氛围里，视觉和听觉感官借助技术手段被放大，从而引发观众的沉浸式想象。苹果手机的高还原度，将大自然的风光重现在用户的耳边、眼前，这些都促使消费者在观看视频缓解焦虑的过程中，建立起对产品的好感，从而产生兴趣，并最终转化为消费行为。

4. 广告短片

用 iPhone XS 和 iPhone XS Max 搭配其他设备拍摄的 4 个 ASMR 短片，由摄影师 Anson Fogel 掌镜，无论是用轻柔的女声徐徐讲述美国俄勒冈州太平洋沿岸的沙滩巨石景观，木匠坊中匠人削木花、打磨、上漆的微妙声音，还是走在森林中布满泥土的小径上，拨开野生的植物枝叶，聆听大自然中清脆的鸟叫声、雨滴打在帐篷上的声音，毫无疑问，ASMR带来的视觉、听觉双重刺激，是一般的视频广告无法达到的，而这也提高了广告带来信息的丰富程度，如图6-10所示。

◎ 图6-10　广告短片展示了 iPhone XS 系列强大的收音与录像功能

在互联网碎片化时代，一个品牌想要吸引消费者。在视觉标志同质化越来越严重的时候，品牌通过声音来打造属于自己的标志，从多重感官体验入手来打动人们，将成为一种必然趋势。